中国碳市场相关问题研究

STUDY ON SUBJECT MATTERS OF CARBON MARKET

郑　爽◎等著

中国经济出版社
CHINA ECONOMIC PUBLISHING HOUSE
北　京

图书在版编目（CIP）数据

中国碳市场相关问题研究／郑爽等著.
—北京：中国经济出版社，2019.5（2024.6 重印）
ISBN 978-7-5136-5400-5

Ⅰ.①中… Ⅱ.①郑… Ⅲ.①二氧化碳—排污交易—研究—中国 Ⅳ.①X511

中国版本图书馆 CIP 数据核字（2018）第 236262 号

责任编辑　姜　　静
助理编辑　汪银芳
责任印制　马小宾
封面设计　华子设计

出版发行　中国经济出版社
印 刷 者　三河市金兆印刷装订有限公司
经 销 者　各地新华书店
开 　 本　710mm×1000mm 1/16
印 　 张　17.5
字 　 数　210 千字
版 　 次　2019 年 5 月第 1 版
印 　 次　2024 年 6 月第 2 次
定 　 价　69.00 元

广告经营许可证　京西工商广字第 8179 号

中国经济出版社 网址 http://epc.sinopec.com/epc/ **社址** 北京市东城区安定门外大街 58 号 **邮编** 100011
本版图书如存在印装质量问题，请与本社销售中心联系调换（联系电话：010-57512564）

序言

　　大气温室效应引起的全球气候变化和气候变暖直接威胁到人类的生存和发展。不仅人类赖以生存的自然生态系统将遭到直接损害，而且人类自身的生命健康、财产安全和经济基础也将受到直接和潜在的威胁，气候变暖已成为人类实现社会经济可持续发展面临的重大挑战。应对全球气候变暖已成为当今国际社会的共同课题。世界各国都在致力于采取有效的气候减缓和适应方面的政策措施积极应对气候变化，大幅度和持续地减少温室气体排放。

　　对于气候变化这一典型的环境外部性问题，政府通常采用行政手段和市场手段实施减排政策，并以前者为主。政府通过命令和控制手段进行气候治理，采取行政强制措施。通过行政命令方式遏制环境问题，维护社会稳定，可以在短期内改善环境质量、完成减排目标，但存在政府失灵、治理成本高昂、长期效率低下的局限性。自由市场环境主义主张将产权制度引入环境资源管理领域，通过界定和完善环境资源的产权制度使环境资源成为稀缺资源，进而利用市场机制实现环境资源的优化配置，弥补政府失灵的不足。

　　碳排放交易制度是控制和减少温室气体排放的最主要市场机制

手段，是促进经济发展方式转变、低碳经济转型和破解能源环境约束的重要举措，是低成本实现我国减排目标、实现我国经济低碳转型和低碳发展的重要途径之一。我国十分重视碳排放权交易体系的建立和实施。《中共中央国务院关于加快推进生态文明建设的意见》和《生态文明体制改革总体方案》等党和政府的重要文件中，均对深化碳交易试点、建设全国碳排放权交易体系等做出了要求。

近年来，国家应对气候变化战略研究和国际合作中心（简称国家气候战略中心）清洁发展机制和碳市场管理部的研究人员致力于中国碳市场建设的相关问题研究，对碳交易试点工作的跟踪调查、碳价机制及碳金融发展、碳交易体系核查制度建设、碳交易体系监管机制设计，以及碳排放权性质五个方面进行了较深入的实践和理论研究。我们在此基础上撰写了这部专著，旨在为碳交易领域的政策制定者、科研工作者、各类市场参与主体和热心环保公益的大众提供参考和借鉴。

全书由郑爽策划并统稿。"第一篇 碳交易试点进展分析"，由郑爽、刘海燕和王际杰撰写。本篇回顾了2013—2018年以来我国七省市碳交易试点从启动到逐步稳定运行的历程，比较、分析和总结了七省市碳交易试点的特点、经验和教训，发现碳交易试点政策制定和建设运行中的问题，提出可能的解决办法，并为全国碳排放交易市场建设建言献策。

"第二篇 碳价机制与碳金融研究"，由郑爽、窦勇、孙峥、王际杰和刘海燕撰写。本篇以碳价机制中最主要的两种手段，即碳税和碳交易机制为研究对象，回顾了碳税政策和制度的主要内容及实施经验，对比分析了碳税和碳交易政策，并为国家进行政策选择提出建议；以 2013—2018 年我国七省市碳交易试点期间形成的碳市场为研究对象，建立了试点碳市场碳价影响因素、碳价格形成、碳金融活动分析的研究框架和方法，研究确定了碳交易试点市场的碳价形成机制，并提出利用金融手段提高我国碳市场资源配置水平、增强碳市场风险管理能力的中国碳金融发展方向。

"第三篇 碳交易体系核查制度建设"，由郑爽、刘海燕撰写。真实、准确的碳排放数据是碳交易政策的生命线和重要保障，对企业提交的碳排放报告进行核查是提高数据质量，实现碳交易市场公平、公正和透明的核心手段和措施之一。本篇深入调查分析了我国七省市碳交易试点和发达国家碳交易体系中核查制度的建设和实施情况。通过理论和实证研究，勾勒出全国碳交易体系下核查制度的框架，确定了核查技术规范、核查机构监督管理、复查管理等要素内容，并提出政策建议。

"第四篇 碳交易体系监管机制设计"，由刘海燕、郑爽撰写。监管制度是全国碳交易市场建设的重要组成部分，构建强有力、透明、公开、高效的监管体制是约束碳交易市场中各类主体、实现碳排放政策控制目标的基本保障。本篇通过回顾分析我国碳交易试点地区和发达国家的监管制度，研究设计了以监管主体、监管对象、监管内容、监管措施以及监管技术支撑手段等为要素内容的全国碳交易体系监管制度。

"第五篇 碳排放权性质研究"，由郑爽撰写。对碳排放权性质，特别是其法律性质的界定是碳交易制度建设中的核心要素问题。本篇界定了碳排放权概念，识别其性质内容并实证分析了国内和国际实践，论述了碳排放权利认识的争议性，分析了碳排放权权利化与非权利化面临的问题和可能产生的效果和影响，提出了我国在建设全国性碳市场过程中，在碳排放法律确权方面应遵循的若干原则。

在本书的研究和编写过程中，我们得到了国家发展改革委气候司、试点地区发展改革委、各地区交易所（中心）、科研单位、中国人民大学、第三方核查机构以及控排企业等大力支持和指导。在此，对上述机构的领导、专家和工作人员表示衷心感谢！

由于作者水平有限，书中难免出现不当和错漏之处，敬请广大读者批评指正。

作者

2018 年 12 月 30 日于北京

目录

第一篇　碳交易试点进展分析 / 1

第一章　七省市碳交易试点启动及进展调研 / 3

第二章　碳交易试点的成就与存在的问题 / 17

第三章　碳交易试点运行总结与分析 / 27

第四章　北京市碳排放权交易试点评估 / 53

第二篇　碳价机制与碳金融研究 / 67

第五章　利用经济手段应对气候变化

　　　　——碳税与碳交易对比分析 / 69

第六章　碳交易试点市场的碳价形成机制 / 85

第七章　对中国碳金融发展的思考 / 107

第三篇　碳交易体系核查制度建设 / 125

第八章　七省市碳交易试点核查制度调查研究 / 127

第九章　欧盟、美国碳市场核查制度建设经验及启示 / 139

第十章　全国碳交易体系下核查制度设计 / 153

第四篇 碳交易体系监管机制设计 / 165

第十一章 碳交易试点监管制度综述 / 167

第十二章 碳市场监管国际经验 / 183

第十三章 全国碳交易体系监管制度研究 / 199

第五篇 碳排放权性质研究 / 213

第十四章 碳排放权性质综述 / 215

第十五章 碳排放法律确权剖析 / 233

附 录 / 251

附录一 中华人民共和国国家发展和改革委员会令 / 251

附录二 国家发展改革委关于印发《全国碳排放权交易市场建设方案（发电行业）》的通知 / 261

附录三 企业温室气体排放核算和报告国家标准目录 / 269

附录四 企业温室气体排放核算和报告指南目录 / 271

第一篇

碳交易试点进展分析

第一章①

七省市碳交易试点启动及进展调研

2013 年被称为中国碳交易元年。截至 2013 年 12 月，已有北京、天津、上海、广东和深圳五省市先后启动了地方碳交易试点，并产生了地方配额交易和价格。2014 年，湖北和重庆也正式启动了碳交易试点。地方碳交易试点的运行标志着中国利用市场机制推进绿色低碳发展迈出了开创性和重要意义的一步，是应对气候变化领域的一项重大体制创新。本章详细描述了碳交易试点的进展情况，分析总结了地方试点的成绩和问题，并为下一步工作提出建议。

---

① 原文《七省市碳交易试点调研报告》发表于《中国能源》2014 年第 2 期，作者郑爽。

一、背景

《"十二五"规划纲要》明确提出逐步建立全国碳排放交易市场，表明国家将更多地发挥市场机制对资源配置的优化作用，建立利用市场机制应对气候变化的有效途径，使控制温室气体（GHG）排放从单纯依靠行政手段逐渐向更多地依靠市场力量转化。为此，国家发展和改革委员会于 2011 年 10 月底，批准北京市、天津市、上海市、重庆市、湖北省、广东省和深圳市七省市开展碳排放权交易试点工作，并提出 2013—2015 年为试点阶段。

两省五市的碳交易试点地域跨度从华北、中西部直到南方沿海地区，覆盖国土面积 48 万平方公里。两省五市的碳交易试点 2010 年人口总数 2.4 亿，GDP 合计 11.8 万亿元，能源消费 7.6 亿吨标准煤，分别占全国的 18%、29.8% 和 23%（见表 1 - 1）。试点省市虽然数量少，但体量巨大，具有较强的代表性，将形成每年约 9 亿吨二氧化碳（CO_2）配额、覆盖 20 多个行业、2000 多家企事业单位的碳交易市场。

表 1 -1 碳交易试点地区概况（2010 年）

地区	人口（万人）	GDP（亿元）	人均 GDP（万元）	三产占 GDP 比例（%）	能源消费量（万吨标准煤）	人均能耗（吨标准煤）	2015 年二氧化碳排放强度下降目标（%）	2007 年 GHG 排放（亿吨二氧化碳当量）
北京	1961.2	13777.9	70252	0.9/24.0/75.1	6945	3.54	18.0	1.17
天津	1293.8	9108.8	70402	1.6/52.4/46.0	6818	5.27	19.0	1.41
上海	2301.9	16872.4	78989	0.7/42.1/57.2	11201	4.87	19.0	2.32
重庆	2884.6	7894.2	27366	8.6/55.0/36.4	7117	2.47	17.0	1.37
广东	10430.3	45472.8	43597	5.0/50.0/45.0	26800	2.58	19.5	4.99
湖北	5723.8	15806.1	27614	13.4/48.7/37.9	15138	5.25	17.0	2.34
深圳	1035.8	9510.9	91822	0.1/47.5/52.4	2200	2.12	15.0	—
全国	137053.7	397983	29992	10.1/46.8/43.1	325000	2.42	17.0	67.9

注：除温室气体排放，其他数据均为 2010 年数据。

数据来源：①北京、天津、上海、重庆、广东、湖北及深圳统计局；②《中国省级应对气候变化方案建议报告汇编》；③世界银行

二、碳交易试点现状

2011 年以来，各省市非常重视碳交易试点，开展了各项基础工作，包括制定地方法律法规，确定总量控制目标和覆盖范围，建立温室气体测量、报告和核查（MRV）制度，分配排放配额，建立交易系统和规则，制定项目减排抵消规则，开发注册登记系统，设立专门管理机构，建立市场监管体系以及进行人员培训和能力建设等，形成了全面完整的碳交易制度体系（见图 1 -1）。

2013 年 6 月 18 日，在完成地方碳交易立法、制度、技术和市场等各方面建设后，深圳率先正式实施碳排放权交易市场体系，当日成交

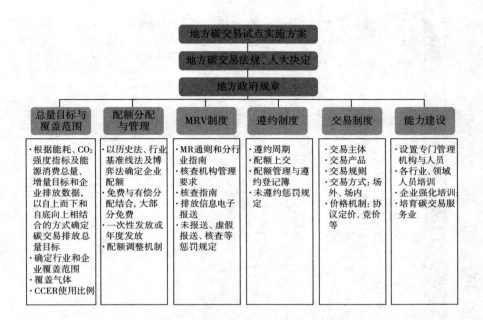

图1-1 碳交易试点政策制度框架

8笔碳配额交易。上海、北京、广东和天津分别于2013年11月和12月正式启动运行碳交易市场。目前各地市场交易平稳，配额月平均价格基本维持在26～78元。湖北和重庆也于2014年启动运行了碳交易制度。各地区工作进展状况见表1-2。

表1-2 碳交易试点进展汇总

地区	地方法规	总量与覆盖范围	MRV	配额分配	违约处罚	交易规则
北京	人大通过《关于北京市在严格控制碳排放总量前提下开展碳排放权交易试点工作的决定》《北京市碳排放权交易管理办法(试行)》	约0.5亿吨CO_2/年 火电、热力、水泥、服务业等行业京内固定设施碳排年排放1万吨及以上企业/单位,2014年543家,约占排放总量的40%~45%CO_2	6个行业排放核算和报告指南、序和报告编写指南、专家复审,第三方核查程22家核查机构	免费 根据历史和行业先进排放水平、行业技术发展趋势、经济结构调整及节能减排、淘汰落后产能、整体安排等因素制定配额	超出排放配额部分以市场均价以3~5倍处罚	北京环境交易所 履约及符合条件的其他企业/单位 BEA、CCER、节能量、碳汇
上海	市长令《上海市碳排放管理试行办法》	约1.5亿吨CO_2/年 2010年或2011年钢铁、石化、化工、建材、纺织等行业及电力、航空港口、机场铁路、商业金融等碳排放1万吨及以上企业共191家,约占排放总量的57%CO_2	通则+9个行业核算和报告指南、第三方核查机构管理办法、核查工作规则、10家核查机构	免费+拍卖 电力、航空港口和机场采用行业基准线法 其他行业历史法	未履行配额清缴的可处五万元以上十万元以下罚款	上海环境能源交易所 履约企业及个人 其他组织和个人 SHEA、CCER
天津	《天津市碳排放权交易管理暂行办法》(政府文件)	约1.5亿吨CO_2/年 钢铁、化工、电力热力、石化、油气开采等五大重点排放行业及民用建筑领域中2009年以来任何一年排放2万吨以上的企业被纳入,约114家,约占排放总量的60%CO_2	5个行业核算指南、1个碳排放报告编制指南、4家核查机构	免费 电力行业基准法 其他行业历史法	未遵约单位应在限期内改正,并在三年内不得享受有关优惠政策	天津排放权交易所 履约企业及国内外机构、企业、社团、其他组织和个人 TJEA、CCER

续表

地区	地方法规	总量与覆盖范围	MRV	配额分配	违约处罚	交易规则
重庆	市人大决定草案《重庆市碳排放权交易管理暂行办法》	约1亿吨CO_2/年 2008—2012年任何一年排放2万吨CO_{2e}及以上的工业企业,约240家,约占排放总量的39.5% 6种温室气体	工业企业碳排放核算和报告指南 核算报告和核查报告,核查工作规范 11家核查机构	免费 以历史排放中最高年度排放量为基准并设定动态基准线并应用多种基准调整方法	公开通报违规行为,对应上缴而未上缴的配额按上缴期内最高市价3倍罚款	重庆联合产权交易所 履约企业的企业及符合条件的市场主体及自然人 CQEA,CCER
广东	省长令《广东省碳排放管理试行办法》	约3.5亿吨CO_2/年 电力、水泥、钢铁和石化行业2011年或2012年排放2万吨CO_2的企业约190家,及新建项目25家,约占排放总量的58%	通则+4个行业报告与核查实施细则,核查规范 16家核查机构	免费+拍卖 电力、水泥行业采用基准线法,石化、钢铁行业采用历史法	拒不履行清缴义务的,在下一年度配额中扣除未足额清缴部分2倍配额,并处5万元罚款	广州碳排放权交易所 履约企业和单位、新建项目企业,符合规定的其他组织和个人 GDEA,CCER
湖北	省长令《湖北省碳排放权管理和交易暂行办法》	约1.2亿吨CO_2/年 建材化工、电力冶金、食品饮料等行业2010年或2011年综合能耗6万吨标准煤及以上工业企业,153家,约占排放总量的33%CO_2	核算和报告通则1个,11个行业指南 核查指南,核查备案管理办法 3家核查机构	免费+拍卖 历史法与"碳强度绩效奖励法"相结合,初期免费发放。政府预留30%配额拍卖,累计拍卖200万吨	配额市场均价的1~3倍予以罚款,最高不超过15万元,下一年度配额双倍扣除	武汉光谷联合产权交易所 履约企业和减排项目开发者 HBEA,CCER

续表

地区	地方法规	总量与覆盖范围	MRV	配额分配	违约处罚	交易规则
深圳	市人大《深圳经济特区碳排放管理若干规定》《深圳市碳排放权交易管理暂行办法》	约 0.3 亿吨 CO_2/年 年排放超过 3000 吨 CO_2e 的企业单位、大型公建、10000 平方米以上国家机关建筑物和自愿加入者。约 636 家工业企业。约占排放总量的 40% CO_2	量化和报告通用指南、建筑物、公交车和出租车企业指南 核查规范及指南 21 家核查机构	免费 + 拍卖 历史排放、强度下降目标及竞争博弈法确定	对超额排放量,按平均市场价格 3 倍处以罚款	深圳排放权交易所 履约企业、机构和个人 SZA, CCER

三、碳交易试点的作用

中国碳市场建设由务虚走到务实，七个试点省市在利用市场机制应对气候变化、控制温室气体排放方面采取了实质行动，创新了制度和体制，为国家碳交易市场机制设计和构建提供了基础、借鉴和启示，可以总结为以下四个方面：

（一）实现了具有一定约束力的、由强度目标转换成绝对总量控制目标的、覆盖部分经济部门的"上限—贸易"政策体系

碳交易政策的实施需要以制定法律法规为前提，保证政策的约束力和强制力。在碳交易试点缺乏上位法的情况下，各试点地区克服困难，分别出台了针对碳交易的地方性法规、政府规章和规范性文件，确立了碳交易制度的目的、作用、管理和实施体系，并规定了惩罚措施，使碳交易政策的实施具有约束力和可操作性。

在量化控制目标上，试点地区结合实际情况、能源消费总量目标、增量目标、二氧化碳排放强度目标和 GDP 增速等相关指标，以企业历史排放数据为基础，通过自上而下和自底向上相结合的方式，确定了碳交易体系的覆盖范围和量化控制目标，对地方完成"十二五"期间二氧化碳排放强度目标起到重要作用，是控制温室气体排放行动的重要推动力，具有很强的示范意义。其中，二氧化碳总量控制目标从 3000 万吨/年到 3.5 亿吨/年不等，占地方排放总量的 33% ~60%。覆盖范围从电力和热力、化工、钢铁、水泥等高排放行业，扩展到服务业、港口运输站点以及大型公建等非工业行业，跨越 20 多个行业。

但试点地区在确定当前和未来碳排放量、制定碳交易总量控制目标、分析减排潜力和成本及确定覆盖行业范围等关键领域缺乏基础数据、理论方法和能力支撑，使相关决策的不确定性较大，需要在试点实践中进一步改进完善。

（二）建立了坚实的技术基础，提升了意识和能力

总量控制下的碳交易体系不仅需要严格的政策法规要求，更需要强有力的技术基础支撑才能有效运行。真实准确的企业排放报告、电子化信息报送、配额登记簿以及交易系统的运行都是碳交易政策实施的技术支撑体系。短短两年内，各试点地区开发制定了分行业的排放量测量与报告的方法和指南，以及第三方核查规范，建立了企业排放信息电子报送系统、遵约登记簿，成立了交易所和交易系统，使地方的相关意识和能力大幅度提高。2000 余家企业报告了近 3 年排放相关数据，填补了数据空白，使地方政府初步掌握了企业和行业的排放状况与趋势，为气候变化决策、减排政策措施制定提供了有力的技术支撑。

但试点地区的 MRV 制度还存在科学性、合理性和可行性等问题，需要在实际应用中不断改进、完善，提高数据的准确性和可信度。各地的 MRV 规则、登记簿和交易系统的开发各具特色，没有统一标准，使地区间的配额缺乏同质性、可比性和可交易性，为地方试点向全国碳交易体系过渡带来挑战。

（三）逐步形成碳交易市场，发现碳价格

碳交易制度的目的之一是对碳排放权定价，使企业能清楚地认识

碳排放权的资源属性，促进企业和社会低成本实现碳减排目标。试点省市成立了地方的环境交易所，主要通过场内交易完成碳定价。2013年6月以来，各地市场都产生了一定量交易，地方配额月平均价格为26元/吨、30元/吨、50元/吨、60元/吨到78元/吨不等，地方之间差异较大。相比之下，欧盟配额、美国加州配额、美国RGGI配额和国际CDM市场CER价格分别为40元/吨、60元/吨、18元/吨和3元/吨。由于中国碳交易试点是7个各自独立的封闭市场，交易规模有限，并且处于政策和市场初始期，当前交易量和价格还不能反映市场供需、减排成本和遵约等基本面情况。

碳交易试点带动了相关服务业的发展。企业报送排放相关信息、减排措施的策划与实施、企业排放报告的核查、碳资产的管理、碳金融产品的开发、碳交易咨询服务等都需要专业知识与服务。各试点地区涌现了一批相关的专业机构和人员从事与碳交易相关的服务咨询，使应对气候变化服务业水平逐渐提升。

（四）企业意识显著提高

在碳交易政策准备和实施过程中，作为主要排放源和碳交易制度主体的各地企业单位，在应对气候变化、碳排放核算、控制和减缓碳排放、市场机制等方面的意识、知识和能力得到了明显提高。企业正在逐渐适应和接受温室气体排放总量管制，并越来越清楚地认识到今后将不可能无节制、无成本地排放温室气体，但是也存在抵触情绪。

碳排放核算与报告、排放配额的发放和遵约制度使企业必须科学管理并采取各种可能的技术或市场手段控制温室气体排放，同时促使企业加强内部管理并提升技术水平，其带来的附加效应远大于交易本身。

四、工作建议

地方碳交易试点的正式运行标志着中国利用市场机制推进绿色低碳发展迈出了重要一步，是应对气候变化领域一项重大的体制创新。在十八届三中全会决定强调让市场发挥对资源配置的决定性作用的背景下，以及在全国推行碳排放权交易制度的政策方针指导下，建议试点地区与国家在今后的工作中对以下几个方面给予重视：

（一）研究评估试点的经验和教训

地方碳交易试点的作用是建立碳总量控制与交易制度的相关能力和意识，对碳交易政策实施体系等各方面要素进行全面考察和检验，试出对与错，为国家建立碳排放权交易市场提供借鉴。因此，应建立试点地区横向沟通、交流与合作机制，加强对政策法规、技术支撑以及市场建设等领域的对比分析，总结好的做法与不成功的教训，科学评估碳交易政策的环境效果、社会影响和经济影响。

在政策方面，应侧重总结分析总量控制目标与配额分配的科学性、合理性、可行性与公平性，碳交易如何与其他节能减排政策和指标相结合和促进，以及碳交易制度的实施效果等。

在技术支撑方面，应检测数据信息系统（包括排放数据核算、报送与核查，以及注册登记系统等）在方法、标准和管理等方面的问题，在实践中提高基础数据质量和信息管理水平，为碳交易市场的运行奠定扎实的技术基础。

对于碳市场的建设，应对如何活跃交易市场、交易产品的创新、碳价形成、交易监管等方面进行研究与评估，为建立公开、高效的国家碳交易市场提供借鉴。

（二）论证地方试点如何向全国体系过渡

目前，各自独立的地方碳交易试点政策、技术和市场体系不会永远存在下去，因此地方政府、控排企业和国家层面都关注地方试点与全国碳交易体系之间的关系。日后的政策走向存在三种可能：一是七个碳交易试点先进行连接互通，形成局部统一市场，再扩展为全国的碳市场体系；二是进一步扩大碳交易试点，包括以目前七个试点为核心辐射周边地区的情景；三是将七个试点的工作推倒弃行，建立全新的国家碳交易体系。

实施以上任何方案都存在较大难度，迫切需要地方和国家层面对可能方案进行分析论证，避免浪费地方已投入巨资建设的各项软硬件系统，以便科学合理决策，使碳市场有稳定的政策预期。

（三）建立全国碳交易制度和市场体系

在"十二五"规划和三中全会决定的政策导向下，政府决策部门应综合考虑国家中长期低碳发展战略、排放路径与减排政策选择、市场手段的作用以及国际形势等宏观因素，研究确定碳排放总量控制与交易政策在国家应对气候变化减排行动中的中长期地位与作用，并提出相应的实施路线图和时间表。

国家应加强部门协调，大力投入资源和人力，研究提出全国碳交易体系顶层设计、实施框架和具体措施，包括碳交易立法及配套法律政策规定，制定碳排放总量控制目标和覆盖范围，确定纳入交易的企业及其排放配额，制定严格的排放量测量、报告与核查制度，以及强制的履约和惩罚制度，建立统一的市场交易体系和监管体系等。

参考文献

[1] 北京市人大.关于北京市在严格控制碳排放总量前提下开展碳排放交易试点工作的决定[Z].

[2] 北京市发展和改革委员会.北京市碳排放权交易管理办法(试行)[Z].

[3] 上海市碳排放管理试行办法[Z].

[4] 天津市碳排放权交易管理暂行办法[Z].

[5] 深圳经济特区碳排放管理若干规定[Z].

[6] 深圳市碳排放权交易管理暂行办法[Z].

[7] 广东省碳排放管理试行办法[Z].

第二章[①]

碳交易试点的成就与存在的问题

自 2013 年五个试点相继启动运行至 2015 年 7 月底，七个碳交易试点地区均已运行并完成了 1 ~ 2 个履约周期。跟踪、分析以及评估碳交易试点建设和实施情况及其经验和教训，将为 2016 年后建立全国碳交易体系提供重要的决策和体系设计依据。本章回顾了 2014—2015 年七省市碳交易试点的进展，评估其成果，并找出存在的问题。

---

① 原文《全国七省市碳交易试点进展总结》发表于《中国能源》2015 年第 9 期，作者郑爽、刘海燕、王际杰。

一、实施现状

几年来，七省市重视碳交易试点建设，完成各项基础准备工作并顺利启动实施，通过制定地方法律法规，确定总量控制目标和覆盖范围，建立温室气体排放测量、报告和核查（MRV）制度，分配配额，建设交易系统、登记簿系统，设立专门管理机构，建立市场监管体系，以及进行大规模人员培训和能力建设等，形成了全面完整的碳交易制度体系。七个试点地区在政策制定、技术支撑和市场运行等方面的进展及特点如下：

（一）建立了具有一定法律约束力的"上限—贸易"政策体系

试点地区分别出台了具有不同法律效力的碳交易地方法规（北京、深圳）、政府规章（上海、重庆、广东和湖北）或部门规范性文件（天津），形成了以地方人大法规为依据、碳交易管理办法为核心、各项实施细则和指南标准为技术支撑的法规和制度体系，使碳交易政策的实施具有强制力、约束性和可操作性。

（二）确定了碳交易总量目标与覆盖范围，推动落实地方温室气体排放控制目标

试点地区结合自身经济发展、二氧化碳强度目标和企业历史排放等指标数据，制定了碳交易政策覆盖范围内适度增长的温室气体总量目标。七个试点地区碳总量目标合计约 12 亿吨二氧化碳当量/年（最低的深圳约为 3000 万吨二氧化碳当量/年，最高的广东为 3.8 亿吨二氧化碳当量/年），占各地区排放总量的 40%～60%。碳交易覆盖了电力、热力、化工、钢铁、建材等高能耗行业，以及商业、宾馆、金融等服务业和建筑业等总计 20 余个行业的 2000 多家企事业单位。管控气体均为二氧化碳（只有重庆将 6 种温室气体纳入管控）。

试点地区的主要用能单位几乎全部被纳入碳交易体系，碳交易在地方实现"十二五"二氧化碳强度目标和控制温室气体排放方面发挥了重要作用，部分试点地区提前实现了减排目标。例如，深圳纳入碳交易的 635 家企业 2013 年二氧化碳排放量比 2010 年下降了 11%；北京纳入的重点排放单位 2013 年二氧化碳排放量比上一年下降了约 4.5%，全市 2013 年二氧化碳排放强度同比下降 6.67%，超额完成了 2.5% 的年度目标。

（三）建立了坚实的技术基础和能力

试点地区制定温室气体排放测量、报告与核查制度，建设排放信息电子报送系统、遵约登记簿、交易所和交易系统，为碳交易制度的实施打下了坚实的技术基础。其中温室气体排放的测量、报告与核查

是重要基础性工作，各试点地区投入力量开发了分行业的核算报告指南或地方标准，规定对企业的历史和遵约年数据进行盘查或第三方核查。设立第三方核查机构/核查员的准入标准，实行备案和监管，目前合计备案约87家核查机构。2000多家企业报告近5年排放数据，揭示了企业和行业的排放状况与趋势，为应对气候变化决策、制定减排政策措施提供了技术支撑。

（四）采用历史法与基准线法分配排放配额

通过自底向上收集企业排放数据和自上而下确定年度总量目标相结合的方式，各试点制定了由现有企业配额、新增产能配额和储备调控配额组成的配额总量，一个地方配额为1吨二氧化碳/二氧化碳当量（CO_2/CO_2e）。各地区绝大部分初始配额被免费分配，广东和湖北尝试以拍卖方式进行有偿分配。既有企业配额大部分采用历史法分配，对电力、水泥等数据条件较好的行业采用基准线法，有的地区还创新采用了竞争博弈法等，还有的地区对新增设施和产能采用较严格的产业先进值法分配配额。

（五）形成碳交易市场，发现碳价格，创新碳金融

试点地区通过建立7个交易平台，制定交易品种——地方配额和中国核证自愿减排量（CCER）等，规定交易主体（从遵约企业逐渐扩展到国内外机构和个人）及交易规则，引入碳金融，形成了日趋活跃的碳交易市场。

2013年6月18日至2015年7月31日，七个试点地区累计交易地方配额约3896万吨（其中线上公开占82%，协议占18%），集中在湖

北、广东和北京（占总量的 73%）；累计交易额超过 11.8 亿元，主要来自湖北、北京和深圳（占总量的 73%）。期内地方配额全平均价格约 30 元/吨，但时间与空间分布差异较大。2014 年 6 月履约活跃期间，配额公开交易月平均价格约 46 元/吨，并呈现经济发达地区碳价高、欠发达地区碳价低的趋势（最低为湖北的 23 元/吨，最高为深圳的 72 元/吨）。而 2015 年 6 月履约期间，配额价格大幅下跌，平均约 25 元/吨（最低为天津的 13 元/吨，最高为北京的 44 元/吨），其中重庆、广东、上海和天津月均价低于 19 元/吨。在一级拍卖市场，累计拍卖 1664.3 万吨配额，成交额约 8.1 亿元，其中广东分别占 87% 和 95%，配额全平均价格约 48 元/吨。

部分试点以地方配额或 CCER 为标的推出了碳质押、碳抵押、碳债券、碳基金和配额回购等碳金融产品和业务，得到投资者的认可，为活跃碳市场起到了积极作用。

（六）严格遵约制度及监管

各地要求控排企业在一个交易年度中提交排放监测计划，完成上年度排放报告，报告经第三方核查机构核查后，根据核定排放量进行上一年度的配额上缴履约，任何一个环节的违约都将依据地方法规或政府规章予以处罚。2014 年有五个试点完成了 2013 年度履约，履约率均在 96% 以上，其中上海达到 100%，北京依据地方法规对未按时履约企业处以数百万元罚款。2015 年七个试点履约表现进一步提高，北京、上海、广东、湖北履约率均达到 100%，深圳、天津超过 99%，重庆初步统计为 85.6%。

（七）利用中国自愿减排量（CCER）进行配额抵消

七个碳交易试点均规定控排企业可以使用国家签发的 CCER 抵消其配额清缴，比例可占配额量的5%～10%。各试点又进一步对 CCER 产生时间、项目类型、属地、温室气体类别等进行了限制，使控排企业对 CCER 的需求被动下降。据统计，截至 2015 年 7 月 31 日，CCER 累计交易量约 1021 万吨，价格区间为 3～30 元/吨，其中 6 个试点使用了 166.5 万吨 CCER 进行履约。

（八）企业能力和意识显著提高

随着碳交易制度的推进和深化，参与试点的企业单位在应对气候变化、减少温室气体排放、排放核算、碳资产管理等方面的意识、知识和能力得到明显提高。碳交易制度使企业必须科学管理并采取技术或市场手段控制温室气体排放，促进企业加强内部管理并提升技术水平，加速其走上低碳化发展道路，带动产业转型。

（九）碳交易相关服务业快速发展

碳交易试点的实施带动了环境产业、咨询服务、碳金融服务、金融创新等领域的发展，吸引资金参与减排，创造就业和经济增长，为应对气候变化的行动注入活力。试点地区涌现了一批相关的专业机构和人员从事与碳交易相关的咨询服务，使中国低碳产业服务水平得到提升。

（十）探索区域碳市场

部分地区在全面实施碳交易试点的同时还发挥了典型示范作用，

带动周边地区熟悉并探索碳排放权交易制度，开展跨区域碳市场合作。如 2014 年底，北京市启动了与河北省承德市以及内蒙古自治区呼和浩特市及鄂尔多斯市的京冀、京蒙跨区域碳排放交易试点，承德市 6 家水泥企业和减排项目被纳入北京碳市场；深圳市与内蒙古自治区包头市、江苏省淮安市在碳交易能力建设、建立并连接区域碳市场方面进行了实质性合作。

二、存在的问题

（一）法律体系尚不健全

碳交易政策的实施需要法律依据和保障。地方试点普遍面临碳交易政策的强制性和约束力较弱的问题，仅少数地区出台了法律效力高的人大决定，多数地区的碳交易地方规章法律位阶较低，效力有限，对违规和未遵约主体的处罚力度不大，难以对市场主体形成足够的约束力，为执法带来挑战。

（二）技术基础欠缺，总量设置宽松

碳总量控制与交易制度在我国尚属新生事物。试点地区在总量目标、覆盖范围、配额分配、排放数据等关键领域缺乏基础数据、理论方法和技术支撑，使体系设计存在一定缺陷，特别是在配额总量制定和分配方面不确定性明显。由于缺乏数据和基础性研究，同时为减少实施阻力，多数试点对配额总量设定较宽松（仅少数地区配额分配较严格或在配额宽松时进行事后调节），2014—2015 年经济下行导致配额进一步过剩，致使 2015 年配额价格出现较大幅度下跌。缺乏调节机

制的"量化宽松"对政策的环境效果和碳价都产生了负面影响。

（三）政策缺乏稳定性和透明度

碳市场是政策产物，政策制定、变动和行政干预等都将对碳市场供需关系、碳价格、交易活动等产生直接影响。试点地区在实施过程中边干边学，不断修改政策规则（如拍卖机制、CCER 使用规则等），对碳市场基本面产生较大负面影响，挫伤了市场参与者的信心。另外，控排企业、投资机构和个人等市场主体难以从公开、透明的渠道获得配额总量及分配、MRV、拍卖定价、交易数据等基本面信息，加之规则频繁变动，国家政策预期不明朗，使碳市场成为高风险领域，显著降低了市场主体的参与度。

（四）市场化程度不高，交易活跃度有限

碳交易政策的目的是发挥市场机制在资源配置上的优势，通过市场发现碳价格，促进企业和社会以低成本实现减排。试点过程中政府在碳价、拍卖机制、交易规则，甚至买卖方交易等方面干预较多，致使碳交易市场化程度不高。另外，市场和价格分散、交易平台过多、信息不透明，以及受限于国家其他涉及碳现货交易规则政策，导致碳市场交易规模有限、活跃度不高、效率低下。排放权缺乏统一属性界定还会引发法律和财务风险，进一步阻碍碳市场的健康、可持续发展。

（五）监管体系不完善

碳交易的监管对象主要包括控排企业、第三方核查机构和交易机构等。由于相关法规、实施细则的缺位，部门权力交叉以及人力、物力方面的限制，使各试点碳交易主管部门监管能力有限，特别是对第

三方核查机构和交易机构的监管不到位。在核查机构的运行过程中，无论是政府购买服务还是市场化运作都因为利益关联影响了核查工作的独立性和准确性。对于交易机构的交易系统不完备、内部管理制度不健全等因素造成的市场实时交易情况、交易复核、信息披露等方面的缺陷，政府也存在监管缺失。

（六）社会和企业缺乏相关意识和能力

碳交易是新生事物，试点地区多数企业缺少管理碳排放的能力和意识，还有少数企业，甚至包括央企在内，抵触碳交易，增加了政策实施难度。另外，企业报送排放信息、减排措施的策划与实施、排放核查、碳资产管理、碳金融、碳交易咨询等都需要专业知识与服务。试点地区虽然已经培育出一批相关机构和人员，但仍然非常缺乏足量合格的专业咨询、核查机构和人员应对当前以及未来的碳交易市场。

（七）试点向全国过渡面临挑战

2016 年中期试点结束后，如何向全国碳交易体系过渡牵动着各利益相关方的关注与担心，主要包括：①试点地区的 MRV 规则、登记簿和交易系统各具特点，没有统一标准，如何与国家碳交易体系的技术和标准体系融合；②对于已建设的基础制度与设施，如何避免不必要的资源浪费；③企业和地方政府 2016 年仍未使用的地方配额能否转换成国家配额；④2016 年后是否继续将试点相对广泛的行业和企业参与方纳入碳交易体系；等等。这些涉及企业和地方政府切身利益的问题如不尽早解决，将增大试点地区开展工作的难度，影响碳市场平稳运行。

第三章①

碳交易试点运行总结与分析

为落实《"十二五"规划纲要》，国家发展和改革委员会于 2011 年 10 月下发《关于开展碳排放权交易试点工作的通知》，批准北京、天津、上海、重庆、湖北、广东和深圳七省市开展碳排放权交易试点工作，确定 2013—2015 年作为碳交易试点阶段，并计划在试点经验基础上建立全国碳交易体系。碳交易试点七省市地跨华北、中西部和东南沿海地区，覆盖国土面积 48 万平方公里，其人口总数、GDP 和能源消费分别占全国总量的 19% 、30% 和 21% 。试点省市既覆盖了经济发达地区，也纳入了中西部欠发达地区省市，它们在社会经济发展、产业结构、能源消费、温室气体排放等方面既有共性，又有地区差异，代表性强。本章回顾了 2013 年 6 月至 2018 年 7 月底，碳交易试点七省市通过政策、技术和能力建设方面的卓越工作，建设了各具特色的地方碳市场，并对其进行分析和总结，旨在为建立全国碳市场提供经验和借鉴。

---

① 作者：郑爽、刘海燕。

一、碳交易试点概况

碳交易试点七省市地跨华北、中西部和东南沿海地区，覆盖国土面积 48 万平方公里，人口总数 2.7 亿人，GDP 合计 22 万亿元，能源消费 8.4 亿吨标准煤，分别占全国总量的 19%、30% 和 21%（见表 3 − 1）。试点地区既覆盖了经济发达及沿海地区省市（北京、天津、上海、广东、深圳），还纳入了中西部欠发达地区省市（重庆、湖北），它们在社会经济发展、产业结构、能源消费、温室气体排放等方面既有共性，又有地区差异，代表性强。其中，北京、上海、深圳等试点地区经济发展水平高，产业结构以第三产业为主，能源强度低，二氧化碳排放总量较小，二氧化碳强度下降目标较高；重庆、湖北等地经济欠发达，能源强度高，二氧化碳强度下降目标相对较低。相比之下，广东和湖北是能源消费大省，2016 年化石能源消费分别达到 2.2 亿吨标准煤和 1.2 亿吨标准煤，对应化石燃料燃烧产生的二氧化碳排放分别达到 4.9 亿吨和 2.94 亿吨，是试点中排放量最大的地区

（见表 3－1、表 3－2 和图 3－1）。据估算，2016 年七个试点化石燃料燃烧产生的二氧化碳排放总量约 13.57 亿吨，占全国总量的 15%。

表 3－1　碳交易试点地区概况（2016 年）

地区	人口（万人）	GDP（亿元）	人均 GDP（元）	三产占 GDP 比例（%）	化石能源消费量（万吨标准煤）	人均化石能源消费量（吨标准煤）	化石能源产生的二氧化碳排放（亿吨）
北京	2173	25669	118128	0.5/19.3/80.2	4983.4	2.3	0.9
天津	1562	17885	114503	1.2/44.8/54.0	6524.4	4.2	1.4
上海	2420	28179	116441	0.4/29.8/69.8	9516.9	3.9	1.95
重庆	3048	17741	58204	7.4/44.2/48.4	6448.8	2.1	1.48
广东	10999	80855	73511	4.7/43.2/52.1	22123.1	2.0	4.90
湖北	5885	32665	55506	10.8/44.5/44.7	12493.7	2.1	2.94
深圳	1191	19493	163688	0/39.9/60.1			
全国	138271	743586	53777	8.6/39.8/51.6	377999.4	2.7	90.4

注：化石能源主要包括煤炭类、石油、天然气，其产生的二氧化碳排放根据国家温室气体排放清单化石燃料排放因子测算。

数据来源：北京、上海、天津、重庆、广东、湖北、深圳七省市的统计局；国家统计局能源统计司；《中国能源统计年鉴 2017》

表 3－2　试点地区能效和碳排放强度下降目标对比

地区	2010 年能源强度（吨标准煤/万元 GDP）	2015 年能耗下降目标（%）	2015 年二氧化碳排放强度下降目标（%）
北京	0.582	17	18
天津	0.826	18	19
上海	0.712	18	19
重庆	1.127	16	17
广东	0.664	18	19.5
湖北	1.183	16	17
深圳	0.513	19.5	21（全社会）

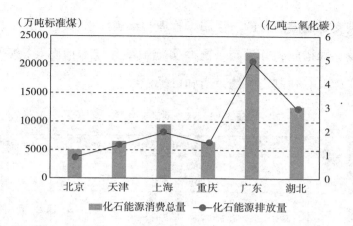

图3-1　试点地区化石能源消费及其产生的二氧化碳排放（2016年）

二、碳交易试点总体情况

2013年6月18日至2014年6月19日，深圳、上海、北京、天津、广东、湖北、重庆碳交易试点相继启动运行。2011年底至2018年7月底的近七年中，各省市发改系统高度重视碳交易试点建设，组织相关部门开展了各项基础工作，包括制定地方法律法规，确定总量控制目标和覆盖范围，建立温室气体排放测量、报告与核查（MRV）制度，分配排放配额，建立交易系统和规则，开发注册登记系统，设立专门管理机构，建立市场监管体系以及进行人员培训和能力建设等，形成了全面完整的碳交易制度体系。

（一）法律法规

试点地区注重碳交易法律法规建设，分别出台了具有不同法律效力的碳交易地方性法规、政府规章或部门规范性文件（见表3-3），确立了碳交易制度的目的、作用、管理和实施体系，规定了各方责任、义务以及惩罚措施，并颁布了配套实施细则和技术指南等，使碳交易政策的实施具有强制力、约束力和可操作性。

表 3 - 3   碳交易政策法规

地区	政策法规	性质
北京	市人大决定（2013 年 12 月） 碳交易管理办法（2014 年 5 月）	地方法规 政府规章
天津	碳交易管理办法（2013 年 12 月） 碳交易管理办法（2018 年 5 月）	部门文件
上海	碳交易管理办法（2013 年 11 月）	政府规章
重庆	市人大决定征求意见稿（2014 年 4 月） 碳交易管理办法（2014 年 5 月）	地方法规 政府规章
广东	碳交易管理办法（2014 年 1 月）	政府规章
湖北	碳交易管理办法（2014 年 4 月）	政府规章
深圳	市人大决定（2012 年 10 月） 碳交易管理办法（2014 年 3 月）	地方法规 政府规章

（二）总量目标与覆盖范围

碳交易制度的前提是确定碳交易体系排放控制总量目标。各试点地区综合考虑其二氧化碳排放强度目标、能源消费总量及增量目标、GDP 增速等宏观指标，并与企业历史排放数据相结合，采用自上而下和自底向上相结合的方式，确定了碳交易体系适度增长的温室气体量化控制目标。

七试点碳市场总量控制目标各异，总计近 12 亿吨二氧化碳当量/年，约占地方排放总量的 40% ~ 60%。试点地区结合自身情况确定了行业、企业和控排气体，并呈阶段性扩展趋势。

目前，七个试点碳交易覆盖 30 余个行业，纳入 3000 余家企事业单位。在管控气体上，仅重庆纳入了6种温室气体，其他地区均明确现阶段只包括二氧化碳（见表3-4）。

表3-4　排放配额总量、覆盖范围及纳入企业

地区	总量	行业与企业	纳入企业标准
北京	2013年：约0.48亿吨CO_2 2014年：约0.5亿吨CO_2 2015年：约0.55亿吨CO_2 2016年、2017年：约0.46亿吨CO_2，配额量占地方排放约45%	2013年和2014年：电力热力、水泥、石化、其他工业企业、服务业的415家和543家企业（2014年） 2015年：新增交通等行业，共有954家企业 2016年：945家企业 2017年：943家企业	2013—2014年：历史年排放1万吨CO_2 2015年下降至5000吨CO_2
天津	约1.6亿吨CO_2，占地方排放50%~60%	钢铁、化工、电力热力、石化、油气开采等五大重点排放行业 2013年：114家企业 2014年：112家企业 2015—2017年：109家企业	年排放2万吨CO_2
上海	2013—2015年：约1.6亿吨CO_2 2016年：约1.55亿吨CO_2 2017年：约1.56亿吨CO_2	钢铁、石化、化工、有色、电力、建材、纺织、造纸、橡胶、化纤等工业行业以及航空、港口、机场、铁路、商业、宾馆、金融等非工业行业 2013年：191家企业 2014年和2015年：190家企业 2016年后：新增水运、船舶制造、汽车制造等工业企业368家 2017年：333家企业	工业行业：年排放2万吨CO_2 非工业行业：年排放1万吨CO_2 水运业：年排放10万吨CO_2
重庆	2013年：1.2亿吨CO_2e 2014年：约1.06亿吨CO_2e 2015年：约1.05亿吨CO_2e 2016年：1.004亿吨CO_2e 2017年：约1.0045亿吨CO_2e，约占地方排放40%	电力、冶金、化工、建材等多个行业 2013年：242家企业 2014年：237家企业 2015年：233家企业 2016年后：未公布	年排放2万吨CO_2e

地区	总量	行业与企业	纳入企业标准
广东	2013 年：3.88 亿吨 CO_2 2014—2015 年：4.08 亿吨 CO_2 2016—2017 年：4.22 亿吨 CO_2，占地方排放 60% 以上	电力、钢铁、石化、水泥、航空和造纸等 2013 年：184 家企业 +40 家新建项目企业 2014 年：184 家企业 +18 家新建项目企业 2015 年：186 家企业 +31 家新建项目企业 2016 年：244 家企业 +29 家新建项目企业 2017 年：246 家企业 +50 家新建项目企业	年排放 2 万吨 CO_2（2011—2012 年）
湖北	2014 年：3.24 亿吨 CO_2 2015 年：2.81 亿吨 CO_2 2016 年：2.53 亿吨 CO_2 2017 年：2.57 亿吨 CO_2，占地方排放的 40%	电力、钢铁、水泥、化工、石化、汽车及其他设备制造、有色金属和其他金属制品、玻璃及其他建材、化纤、造纸、医药、食品饮料、汽车制造、通用设备制造、热力及热电联产、陶瓷制造等 16 个行业 2014 年：138 家企业 2015 年：167 家企业 2016 年：236 家企业 2017 年：344 家企业	年能耗 1 万吨标准煤（化工、钢铁等六大行业）、年能耗 6 万吨标准煤（其他行业）
深圳	约 0.30 亿 ~ 0.33 亿吨 CO_2，占地方排放 40%	能源生产、加工转换行业和工业、机场等近 30 个行业、公建 2013—2015 年：636 家企业 2016 年：811 家企业 2017 年：794 家企业	年排放 3000 吨 CO_2 以上企业；大型公共建筑和国家机关办公建筑：1 万平方米

（三）排放的测量、报告与核查（MRV）

为了保证碳交易体系实施并确定其环境效果，需要对纳入碳交易制度的企业进行温室气体排放的监测和报告，对排放报告须进行第三方核查。各试点地区开发制定了分行业的排放量测量与报告方法和指南，建立了企业排放电子报送系统。对企业报送的历史数据和遵约年数据进行严格的第三方核查，以保证排放数据的科学性、准确性，提高碳交易制度的可信度。对第三方核查机构实施准入制度并制定相应标准，进行严格审批和监管（见表3-5）。

表3-5　温室气体排放测量、报告与核查制度

地区	技术标准、指南	核查机构	电子报送
北京	7个行业排放核算和报告指南 核查指南，核查机构管理办法，专家/机构复审	35家	√
天津	5个行业排放核算指南 1个排放报告指南	8家	√
上海	通则+9个行业的排放核算和报告指南 第三方核查机构管理办法	10家	√
重庆	核算和报告指南 MRV细则 核查工作规范	11家	√
广东	通则+4个行业排放报告 报告与核查实施细则，核查规范	35家	√
湖北	通则+11个行业排放核算方法和报告指南 核查指南、第三方核查机构管理办法	8家	√
深圳	核算和报告指南 核查指南 对建筑物、公交车和出租车企业的核算方法和报告的特殊要求	28家	√

（四）配额分配

通过自底向上收集排放源数据和自上而下确定年度排放目标，各地制定了由现有企业配额、新增产能配额和调控配额组成的排放配额总量，一个配额为1吨二氧化碳/二氧化碳当量。多数试点地区将初始配额免费分配到企业，并预留拍卖方式。关于配额分配方式，对多数

行业采用历史排放法分配，对数据条件好、产品单一的行业采用基准法分配，并逐渐对更多行业采用基准线法。还有地区创新了竞争博弈法和绩效奖励法等，将二氧化碳强度下降与配额分配相结合，以确保实现地方二氧化碳强度目标。对于新增产能，采用行业先进值或根据实际排放需要分配。很多地区还制定了配额调整机制，对配额总量和企业分配量可进行事后调节（见表3-6）。

表3-6 配额分配

地区	方法	拍卖	免费
北京	历史法：既有设施 基准线法：新增设施、电力	暂无	逐年分配
天津	历史强度法：发电和热电联产 历史法：其他行业	暂无	逐年分配
上海	基准线法：电力、热力等 历史强度法：产品产量与碳排放量相关性高且计量完善的工业企业，以及航空、港口、水运、自来水生产行业 历史排放法：商场、宾馆、商务办公、机场等	2014年6月30日拍卖7220吨 2017年6月30日拍卖4.18万吨 2018年7月31日拍卖30.5万吨	一次性发放三年配额
重庆	政府总量控制与企业竞争博弈相结合	暂无	逐年分配
广东	历史强度法：电力行业使用特殊燃料发电机组（如煤矸石、油页岩、水煤浆、石油焦等燃料）以及供热锅炉、特殊造纸和纸制品生产企业，有纸浆制造的企业，其他航空企业 历史排放法：水泥行业的矿山开采、微粉粉磨生产、钢铁行业短流程企业和其他钢铁企业以及石化行业企业 基准线法：电力、水泥行业的熟料生产和粉磨、钢铁行业长流程企业，普通造纸和纸制品生产企业，全面服务航空企业	配额总量3%拍卖，拍卖5次共1112万吨（2013年度配额） 电力行业配额总量5%、其他行业配额总量3%拍卖，拍卖6次共453.8万吨（2014—2015年度配额） 150万吨（2016年度配额）	逐年分配

地区	方法	拍卖	免费
湖北	标杆法：水泥（外购熟料型水泥企业除外）、电力、热力及热电联产行业 历史强度法：造纸、玻璃及其他建材、陶瓷制造行业 历史排放法：其他行业	政府预留 30% 配额拍卖 2014 年 3 月 31 日拍卖 200 万吨	逐年分配
深圳	历史强度法	2014 年 6 月 6 日拍卖 7.5 万吨	逐年分配

（五）遵约与监管

各地对控排企业的遵约做出详细规定，即在一个交易年度中，企业需要提交排放监测计划，完成上年度排放报告，报告经第三方核查机构核查后，根据核定排放量进行上一年的配额上缴遵约。如果企业没有履行报告、核查和上缴配额等义务，将依照地方法规和政府规章予以处罚（见表 3 - 7）。对第三方核查机构的作假等不当行为也规定了相应的惩罚措施和标准。对于交易市场，通常由各地区交易所根据现货市场相关的法律法规进行监管。试点地区还建立了各自的注册登记系统，进行配额和履约管理。各试点的履约表现良好，实现了很高的履约率。

表 3 - 7　遵约周期及违约处罚

地区	排放报告	核查报告	遵约日	处罚	履约率
北京	3 月 20 日	4 月 5 日	6 月 15 日	未按规定报送碳排放报告或核查报告可处 5 万元以下罚款 未足额清缴部分按市场均价的 3 ~ 5 倍罚款	97%（2014 年） 100%（2015 年） 99%（2016 年） 100%（2017 年）

地区	排放报告	核查报告	遵约日	处罚	履约率
天津	4 月 30 日	4 月 30 日	5 月 31 日	对交易主体、机构、第三方核查机构等违规限期改正 对违约企业限期改正，3 年不享受优惠政策	96.5%（2014 年） 99.1%（2015 年） 100%（2016 年） 100%（2017 年）
上海	3 月 31 日	4 月 30 日	6 月 1—30 日	对违约企业罚款 5 万 ~ 10 万元，记入信用记录，向工商、税务、金融等部门通报 取消其享受当年及下年度本市节能减排专项资金支持政策的资格	100%（2014 年） 100%（2015 年） 100%（2016 年） 100%（2017 年）
重庆	2 月 20 日	暂无	6 月 20 日	未进行报告核查，处 2 万 ~ 5 万元罚款，虚假核查处 3 万 ~ 5 万元罚款 违约配额按清缴届满前一个月配额平均价格 3 倍处罚	未公布
湖北	2 月最后一个工作日	4 月最后一个工作日	6 月最后一个工作日	未监测和报告，罚款 1 万 ~ 3 万元；扰乱交易秩序罚款 15 万元 对违约企业以市场均价的 1 ~ 3 倍罚款，但罚款不超过 15 万元，在下一年双倍扣除违约配额	100%（2015 年） 100%（2016 年） 100%（2017 年）
广东	3 月 15 日	4 月 30 日	6 月 20 日	不报告罚款 1 万 ~ 3 万元，不核查罚款 1 万 ~ 3 万元 对违约企业在下一年度配额中扣除未足额清缴部分 2 倍配额，罚款 5 万元	99%（2014 年） 100%（2015 年） 100%（2016 年） 100%（2017 年）
深圳	3 月 31 日	4 月 30 日	6 月 30 日	交易主体、机构、核查机构违规处 5 万 ~ 10 万元罚款 对违约企业在下一年度配额中扣除未足额清缴部分，按市场均价 3 倍罚款	99.4%（2014 年） 99.7%（2015 年） 99%（2016 年） 99%（2017 年）

三、碳市场运行特点

试点地区先后建立了 7 个交易平台作为碳交易试点的指定交易场所，交易品种为地方配额和中国核证自愿减排量（CCER）等。交易主体为遵约企业、国内外机构和个人。北京要求大宗交易实行场外协议转让，其他地区规定必须采用场内交易模式。

（一）配额现货交易情况

2013 年 6 月 18 日至 2018 年 7 月 31 日，七个试点碳市场排放配额现货交易量累计 2.63 亿吨，交易额超过 58.6 亿元。其中公开交易 1.12 亿吨，交易额约 25.9 亿元；协议交易 1.31 亿吨，交易额 24.1 亿元；拍卖 1959.12 万吨，拍卖金额合计 8.61 亿元（见图3－2）。配额交易集中于少数几个地区，湖北、广东、深圳的交易量和交易额分别占总量的 71.8 和 71.3%（见图 3－3）。

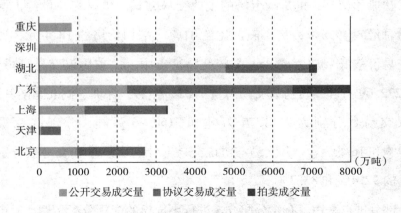

图 3－2　碳交易试点分地区累计交易量

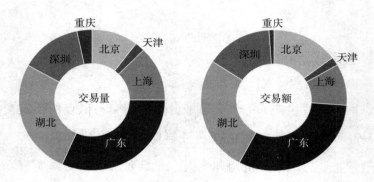

图3-3 碳交易试点交易量、交易额地区构成（2013年6月18日至2018年7月31日）

配额交易中的公开交易是指在交易系统挂牌，通过整体和部分竞价、定价交易等方式形成的交易，是试点碳市场的主要交易方式之一。公开交易量约占配额交易总量的42.6%，交易额占比约44%，平均价格约23.1元。湖北碳交易试点公开交易量最高，累计达到4776.76万吨，约占试点总交易量的43%；广东和上海的公开交易量分别为2266.91万吨和1167.57万吨，在同期全国公开交易量中的占比分别为20.3%和10.4%。

协议交易一般是指交易量在一定规模以上、由双方通过协议转让方式达成的交易，也是碳市场的主要交易方式。协议交易量约占配额交易总量的49.8%，交易额占比约41%，平均价格约18.4元，比公开交易价格低20%左右。七个碳交易试点中，广东协议交易量最大，达4232.69万吨，占协议交易总量的32%左右；深圳、湖北紧随其后，协议交易量分别为2351.75万吨和2160.96万吨，分别占总量的17.9%和16.5%。公开交易与协议交易合计的交易量和交易额分别占总量的92.4%和85.3%。

部分试点采用了有偿分配方式进行小规模的配额分配，例如，广东和湖北采用拍卖方式进行部分初始配额分配，上海和深圳在履约截止期前拍卖部分预留配额以促进控排单位履约。试点各地区配额拍卖总量约占配额交易总量的 7.4%，拍卖额占比约 14.7%，平均价格约 43.9 元。拍卖市场以广东为主，在试点地区拍卖总量和累计成交额中，广东分别占 89% 和 93.3%。广东、湖北、深圳和上海拍卖平均价格分别为 46.9 元/吨、20 元/吨、35.4 元/吨和 41.3 元/吨（见表 3-8）。

表 3-8 配额拍卖情况

地区	时间	交易量（万吨）	价格（元/吨）	金额（万元）
广东	2013 年	300.00	60.00	18000.00
	2014 年	1082.50	51.78	56044.30
	2015 年	133.70	27.45	3670.20
	2016 年	100.00	11.30	1128.50
	2017 年	100.00	15.80	1575.00
	小计	1716.20	46.90	80418.00
湖北	2014 年 3 月 31 日	200.00	20.00	4000.00
深圳	2014 年 6 月 6 日	7.50	35.43	265.60
上海	2014 年 6 月 30 日	0.72	48.00	34.66
	2017 年 6 月 30 日	4.18	38.77	162.30
	2018 年 7 月 31 日	30.52	41.54	1267.95
	小计	35.43	41.34	1464.88
合计		1959.10	43.97	86148.51

2013 年至 2018 年 7 月底，试点碳市场交易规模和活跃度逐渐提升。2013 年试点启动集中在年底，因此交易量偏低，为 345 万吨左右，随后逐年快速增长。2014—2016 年，碳市场年交易量从 2947.78 万吨增长至 7966.65 万吨，年均增长率达 90%。2017 年碳市场继续高位运行，年交易量为 7190.73 万吨，2018 年前 7 个月交易量已经达到

4274.18 万吨（见图 3 - 4）。

　　交易期集中是试点碳市场的重要特征。以 2015 年为例，图 3 - 5 显示 2015 年在临近试点碳交易体系履约截止期（6 月、7 月）阶段，交易量明显上升，分别达到 493.7 万吨和 1079.3 万吨，在全年交易量中占比达 14.8% 和 32.4%；图 3 - 6 显示 2017 年 5 月和 6 月交易量合计达到 3017.78 万吨，占全年交易量的 42%。交易时间集中反映出履约是企业开展碳交易的主要目的，控排企业是碳市场的交易主体。

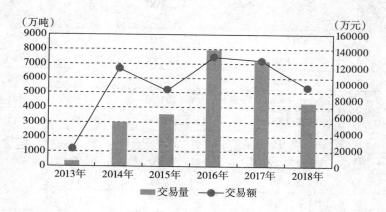

图 3 - 4　试点地区 2013—2018 年交易量与交易额

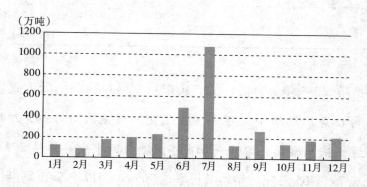

图 3 - 5　碳交易试点 2015 年月度配额交易量

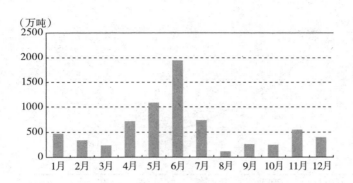

图 3-6 碳交易试点 2017 年月度配额交易量

（二）配额价格走势

配额价格主要通过公开竞价和协议形成。初始价格通常根据减排成本和企业调查结果确定，其中深圳、上海和天津的开盘价相近（25~30 元/吨），反映了市场预期。北京和广东的初始价格较高（50~60 元/吨），主要受地方减排成本和政府导向影响。2014 年履约期间，价格低开的地区逐渐走高，随着 2013 年排放状况的清晰和遵约期临近，很多企业配额出现缺口，买单增加，卖家惜售，配额价格上涨；2015—2017 年，由于受配额发放过量的影响，多数试点的碳价出现明显下跌；2018 年上半年，配额价格有所回升（见图 3-7）。

配额价格地区差异性较大。以每年 6 月遵约期前后配额公开交易价格为例（见图 3-8），其中 2014 年 6 月地方配额价格从 23 元/吨（湖北）到 72 元/吨二氧化碳（深圳）不等，呈现出经济发达地区碳价高、欠发达地区碳价低的趋势；而 2015 年 6 月地方配额价格较上年出现大幅下跌，从 13 元/吨（天津）到 44 元/吨（北京）不等。同一试点在不同履约期的价格也有明显差异，其中最明显的是广东，价格

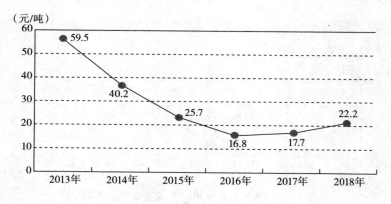

图 3-7 碳交易试点配额年度均价

从 60 元/吨（2014 年 6 月）下降到 17 元/吨（2015 年 6 月）；2016 年
6 月，除北京的配额价格仍维持在高位（51 元/吨），上海（7.4 元/
吨）和天津（9.3 元/吨）均跌至个位数；2017 年 6 月，各地区价格
均有显著回升，只有重庆配额价格跌至 4.4 元/吨；2018 年 6 月，各试
点地区配额价格进一步回暖，只有重庆价格继续下跌至 3.6 元/吨。碳
价的差别反映了各地碳交易政策基本面、配额供给与需求、减排成本
以及交易市场活跃程度等方面的差异。

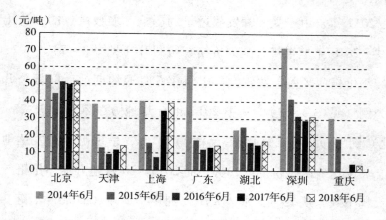

图 3-8 2014—2018 年试点省市每年 6 月遵约期前后配额公开交易价格

（三）配额远期交易

从 2016 年开始，湖北、上海和广东先后推出了以地方配额现货为标的的配额远期交易产品，其中以湖北市场最为活跃，截至 2018 年 7 月底，其累计交易量高达 2.5 亿吨，交易额约 60 亿元。上海配额远期累计交易量约 421.08 万吨，交易额约 1.51 亿元，而广东远期交易量很少。

四、碳交易试点的成效、问题与启示

从 2013 年碳交易试点启动以来，五年的运行既有成功的经验、好的做法，也暴露出问题和难点，为全国碳市场的建设提供了借鉴和启示。

碳交易试点的主要成就表现在以下四方面：

第一，建立了具有一定法律约束力的政策体系，确立了碳交易监管模式。试点地区发布了一系列具有不同法律效力的碳交易地方法规和部门规范性文件，形成了以地方人大立法为依据、碳交易管理办法为核心、实施细则和指南标准为技术支撑的碳交易政策法规体系，使碳排放权交易政策的实施具有强制力、约束性和可操作性。根据相应规范，各试点省市形成了由其碳交易主管部门、碳排放权交易机构、注册登记系统管理机构等相关方组成的多层级、跨部门的碳交易监管架构，保证了碳交易政策的有效实施。

第二，碳交易机制发挥了控制地方温室气体排放的作用。试点地区将主要用能单位纳入碳排放权交易体系，碳交易与其他节能减排、优化能源结构等低碳政策共同在地方实现"十二五"二氧化碳强度目标和控制温室气体排放方面发挥了重要作用，部分试点地区提前实现了"十二五"目标（见表3-9）。

表3-9 低碳政策效果

地区	低碳政策（含碳交易）效果
北京	2013—2014 年重点排放单位累计实现减排二氧化碳 630 万吨 2014 年，重点排放单位二氧化碳排放量同比降低 5.96%，二氧化碳排放量同比下降率及绝对减排量均明显高于 2013 年，协同减排 1.7 万吨二氧化硫和 7310 吨氮氧化物，减排 2193 吨 PM10 和 1462 吨 PM2.5 2013—2015 年被纳入碳交易体系的重点排放单位累计实现碳减排 1000 万吨；2013—2016 年纳入的电力和服务行业重点排放单位分别实现碳减排约 238 万吨和 699 万吨
上海	2013 年，工业行业控排企业碳排放较 2011 年减少 531.7 万吨，降幅 3.5% 2014 年控排企业的碳排放比 2011 年减少 11.7% 提前一年完成了"十二五"节能减排目标
深圳	2013 年，深圳 635 家控排企业较 2011 年下降了 370 万吨，降幅约 11% 经济总量保持较高增长，但能源消耗、碳排放增幅连年下降，万元 GDP 能耗从 2010 年的 0.51 吨标准煤下降到 2014 年的 0.404 吨标准煤；万元 GDP 二氧化碳排放由 2010 年的 0.871 吨降至 2014 年的 0.673 吨
湖北	2014 年，湖北 138 家企业排放 2.36 亿吨二氧化碳，比 2014 年下降 767 万吨二氧化碳，同比降低 3.14%。其中，81 家企业绝对排放量下降，26 家企业排放增长率同比降低 18.71% 在行业层面，九个行业实现减排，排放下降最显著的是电力和钢铁行业 2016 年，纳入企业总排放量同比下降 2.6%

第三，形成碳交易市场及碳定价机制，创新碳金融。试点地区通过建立交易平台、制定交易规则和交易品种（地方配额和中国核证自愿减排量等）、规定交易主体（从遵约企业逐渐扩展到国内外机构和个人）及引入碳金融，形成了日趋活跃的碳交易市场。七个试点交易市场合计成为全球第二大碳市场，形成了中国的碳定价机制，使中国成为国际碳市场和碳价体系的重要组成部分。中国企业也通过交易市场认识了碳排放权的资源属性，促进了企业和社会低成本减排。部分

试点以地方配额或 CCER 为标的推出了碳质押、碳抵押、碳债券、碳基金和配额回购等碳金融产品和业务，得到投资者的认可，为活跃碳市场起到了积极作用。

第四，建立了技术支撑体系，企业能力和意识得到显著提高。试点地区制定温室气体排放测量、报告与核查制度，建设排放信息电子报送系统、遵约登记簿、交易所和交易系统，为碳交易制度的实施打下了坚实的技术基础。随着碳交易制度的推进和深化，参与试点的企业单位在应对气候变化、减少温室气体排放、排放核算、碳资产管理等方面的意识、知识和能力得到明显提高。企业加强内部管理并提升技术水平，加速迈上低碳化发展道路。

但碳交易试点过程中也暴露出一些问题，包括法律体系尚不健全、技术基础欠缺、总量设置宽松、政策缺乏稳定性和透明度、市场化程度不高、交易活跃度有限、监管体系不完善、社会和企业缺乏相关意识和能力，以及试点向全国顺利过渡面临的困难和挑战等。

碳交易试点取得的经验和教训为国家碳交易市场机制设计和构建奠定了基础，并提供了以下借鉴和启示：

第一，应加强碳交易政策法规体系建设。全国碳市场应构建更完善的法律基础，尽早将部门规章《碳排放权交易管理暂行办法》提升为国家法律法规。建立全国碳市场应明确碳交易法规的核心框架体系，提高碳交易法规对市场违规行为的处罚力度。同时以部门规章及地方性法规的形式出台有关配额分配、核查机构管理、碳会计等领域的系列文件与实施细则，保证相关管理部门和市场参与者有法可依。

第二，强化数据基础和技术支撑建设。数据基础是政策成败的重要因素之一。设计合理、可操作性强的碳交易制度的前提是掌握真实、准确的排放源情况。因此,全国碳市场设计阶段的最基本工作应该是建立科学的标准、理论方法和工具等技术支撑,通过自底向上和自上而下的不同途径摸清国家、地方和企业的排放历史、现状和趋势,提高数据质量,为总量制定和配额分配以及未来的履约打好基础。

第三,建立高效管理架构。要使碳交易制度成为可操作的政策工具,既达到环境效果,又符合我国的行政管理体制,就必须合理设计全国的碳交易管理制度。中央政府、省级政府、控排企业的三级管理制度将成为全国碳交易制度管理的基础框架,提高地方政府的积极性、赋予其重要的监管责任将有利于政策落地并得到有效实施。管理制度应区分政策制定者、监督者和执法者,按照机构职能明确各碳交易相关部门应承担的职责,避免监管权过于集中,并建立各相关机构监管权相互制约的制度约束。

第四,确立严格监管制度。未来全国碳市场规模扩大,市场主体类型增多,交易产品丰富,参与者利益诉求多样化,操纵市场、内幕交易等恶意市场行为出现的可能性将增大。政府应完善监管体系建设,提升碳市场监管执行力度,出台兼指导性与操作性的相关规范性文件,并对碳质押、碳期货等新兴碳交易产品建立跨部门监管。加强对核查机构的管理,建立权威的信息披露制度以提高全社会的参与和监督,将企业不遵约行为纳入征信系统,以提高政策的约束力。

第五,培育市场环境。试点经验证明,交易市场高度集中、统一以及政策稳定、可预见、透明,对建设公平、公开、可持续发展的碳市场至关重要。全国碳市场的建设应集中建立全国性交易平台,统一交易品种，加强部门间协调，改进交易规则，适时增加碳期货等衍生交易产品。政府应优化碳市场管理模式，明确其在碳交易中的责任和作用，减少政府对市场的直接干预，保持政策的连续性和稳定性，降低政策风险。通过信息披露、信用平台等制度建设构建公开、公正、透明的碳市场交易环境。

第六，加强资金投入和能力建设。碳交易制度建设是复杂的系统工程，需要巨大的资源投入。实施效果好的试点无一不是付出了巨大的人力和物力。全国碳市场的建设同样需要大规模的资金投入和专业人员参与。此外，需要进一步、大范围、长期地开展应对气候变化和市场机制的宣传、教育和培训，使碳交易制度的实施建立在广泛的社会认知和舆论支持的基础上。

参考文献

[1]北京市人大常委会.关于北京市在严格控制碳排放总量前提下开展碳排放权交易试点工作的决定[Z].2013.

[2]北京市人民政府.北京市碳排放权交易管理办法(试行)[Z].2014.

[3]北京市企业(单位)二氧化碳排放核算和报告指南(2013年版、2015年版)[Z].

[4]北京市发展和改革委员会关于开展碳排放权交易试点工作的通知[Z].2013.

[5]北京市发展改革委和市统计局.关于公布2014年北京市重点排放单位及报告单位名单的通知[Z].

[6]北京市人民政府关于调整《北京市碳排放权交易管理办法(试行)》重点排放单位范围的通知[Z].

[7]天津市人民政府办公厅.天津市碳排放权交易管理暂行办法[Z].2013.

[8]天津市发展改革委关于开展碳排放权交易试点工作的通知[Z].

[9]天津市发展改革委关于发布天津市碳排放权交易试点纳入企业2015年度履约名单的公告[Z].

[10]天津市发展改革委关于天津市碳排放权交易试点纳入企业2016年度碳排放履约情况的公告[Z].

[11]上海市人民政府.上海市碳排放管理试行办法[Z].2013.

[12]上海市碳排放交易纳入配额管理的单位名单[Z].2016,2017.

[13]上海市2016年、2017年碳排放配额分配方案[Z].

[14]重庆市人民政府.重庆市碳排放权交易管理暂行办法[Z].2014.

[15]重庆市碳排放权交易配额管理单位名单[Z].

[16]重庆市发展和改革委员会.关于下达重庆市2016年度碳排放配额的通知[Z].

[17]重庆市发展和改革委员会.关于下达重庆市2017年度碳排放配额的通知[Z].

[18]广东省人民政府.广东省碳排放管理试行办法[Z].2014.

[19]广东省2014年度碳排放配额分配实施方案的通知[Z].

[20]广东省2015年度碳排放配额分配实施方案[Z].

[21]广东省2016年度碳排放配额分配实施方案[Z].

[22]广东省民航、造纸行业2016年度碳配额分配方案及白水泥企业2016年度配额分配方法[Z].

［23］广东省 2016 年度碳排放配额履约工作的公告［Z］.

［24］广东省 2017 年度碳排放配额分配实施方案［Z］.

［25］广东省 2017 年度碳排放配额履约工作的公告［Z］.

［26］湖北省人民政府. 湖北省碳排放权管理和交易暂行办法
［Z］. 2014.

［27］湖北省碳排放权配额分配方案（2014—2017 年）［Z］.

［28］深圳市人大常委会. 深圳经济特区碳排放管理若干规定
［Z］. 2012.

［29］深圳市人民政府. 深圳市碳排放权交易管理暂行办法
［Z］. 2014.

［30］深圳市公布的 2016 年度按时和未按时履约的企业名单［Z］.

［31］深圳市 2017 年度碳排放权交易管控单位名单［Z］.

［32］郑爽, 等. 全国七省市碳交易试点调查与研究［M］. 北京: 中国
经济出版社, 2014.

［33］郑爽. 中国碳交易市场建设［J］. 中国能源, 2014（6）.

［34］郑爽, 刘海燕, 王际杰. 全国七省市碳交易试点进展总结［J］.
中国能源, 2015（9）.

第四章①

北京市碳排放权交易试点评估

　　首都北京是全国政治、经济和文化中心。其 2016 年地区生产总值（GDP）约 2.6 万亿元，其中第三产业占比 80.2%；能源消费总量 6961.7 万吨标准煤，化石能源消费产生的二氧化碳排放约 1 亿吨。北京作为全国七个碳交易试点之一，于 2013 年 11 月 28 日启动碳排放权交易市场。目前，北京市碳交易体系覆盖火力发电、热力生产和供应、水泥、石化、交通、其他工业以及服务业等多个行业，943 家重点排放单位，完成了五个履约期，累计实现配额交易量 2698.5 万吨，交易额约 9.76 亿元。本章分析和总结了 2013—2018 年北京市碳交易试点的体系建设和实施情况，提出存在的问题以及对国家碳市场建设的启示。

---

　　① 原文《北京市碳排放权交易试点总结》发表于《中国能源》2016 年第 12 期，作者刘海燕、郑爽。

一、碳交易试点实施特点及成效

北京市在碳交易试点期间，通过建立政策法规和管理机制、制定总量目标和覆盖范围、确立碳排放核算报告与核查（MRV）制度、实施严格监管措施、建设跨区域碳市场等多方面努力，形成了政策和管理体系较完善、碳排放总量控制严格、覆盖经济社会行业广泛、运行平稳的碳市场，并呈现以下特点：

（一）注重顶层设计，构建"1＋1＋N"政策法规体系

针对碳交易体系建设的系统性、复杂性和艰巨性，北京市注重顶层设计，首先制定了"1＋1＋N"政策法规体系，即一个地方法规、一个部门规章和若干配套实施细则。2013 年 12 月，北京市人大出台《关于北京市在严格控制碳排放总量前提下开展碳排放权交易试点工作的决定》，在地方层面确立了碳交易制度的法律地位和效力，并且是七个试点中唯一提出"严格控制碳排放总量"的地区。

该决定明确了三项基本制度及相关处罚规定，即北京市实施总量

控制，配额管理和交易，报告和核查，使碳交易制度对所有参与方形成强有力的法律约束。依据地方上位法，政府出台了部门规章《北京市碳排放权交易管理办法（试行）》，规定了碳交易制度的各项实施要素以及各类参与方的权利、责任和义务。随后又制定了配额核定、温室气体排放核算报告与核查、交易规则、抵消管理等多项配套政策和技术指南，构建了完善的碳交易政策法规体系，保障了碳交易政策的实施和有效运行。

（二）制定严格的总量目标，广泛覆盖排放行业和企业

北京市作为全国政治、文化、国际交往中心的城市战略定位决定其必须大力推进生态建设、提升生态环境质量。因此北京市提出"严格控制碳排放总量前提下开展碳排放权交易试点"的原则，并确定以下严格目标："十三五"期间能源消费总量控制在约 7700 万吨标准煤、碳排放总量 2020 年左右达峰、2020 年万元 GDP 碳排放比 2014 年下降约 20% 等。

据估算，2013 年、2014 年，北京碳交易市场的碳排放配额总量分别约为 4800 万吨、5000 万吨；2015 年扩大覆盖范围后，碳排放配额总量增至约 5500 万吨，覆盖的行业包括热力生产和供应、火力发电、水泥制造、石化生产，以及服务业中的多个子行业，如批发和零售，交通运输，信息传输、信息技术服务业，金融业，教育，卫生，文化、体育和娱乐业，公共管理等。

被纳入碳交易重点排放单位的标准从 1 万吨/年逐步降至 5000 吨/年，覆盖的企事业单位数量从 2013 年的 415 家增加至 2014 年的 543 家和 2015 年的 954 家，三年内覆盖范围扩大一倍多；2017 年为 943

家，是七个试点中覆盖主体最多的地区。北京市第三产业比重高，被纳入碳交易的重点排放单位除传统工业企业外，还包括了数量众多的服务业企业以及国家机关和教育、科技、文化、医疗等事业单位。

（三）配额分配结合历史排放与行业先进，适度从紧

截至 2018 年 7 月，北京市排放配额全部免费分配，分为既有设施配额、新增设施配额和调整配额三部分。对于既有设施，采用历史排放总量或历史排放强度法，并通过设置 0.80~1 不等的控排系数收紧数值，使大部分既有设施 2013—2017 年配额总量相对历史排放水平下降 0.5%~20%。新增设施需满足碳排放总量超过 5000 吨或超过 2012 年重点单位碳排放总量 20% 的条件才能获得配额。配额分配须采用行业先进值法，并扣减上述 5000 吨或 20% 的量，因此，绝大部分新增设施获得的配额量不足。此外，由于以电力消耗为主的服务类企业和公共机构数量多、电力间接排放量大，为避免重复计算，电力碳排放系数取值时扣除了本地发电排放部分，最终数值低于全市电网平均碳排放因子值近 1/3，相应地减少了配额总量。

以上多重措施使北京市碳市场形成了配额总量供应偏紧、刚性需求较旺盛的局面。相对于其他试点，北京市严格的配额分配为其形成稳定的碳市场和较高的碳价格做出了重要贡献。

2017 年全国碳市场启动后，为顺利与全国碳市场对接，北京市对 2017 年度电力行业配额方法进行了调整，不再区分既有与新增配额，并将之前的历史强度法调整为基准线法。同时，北京市根据纳入电厂实际情况将发电企业机组类型区分为燃煤、燃气 F 级以及燃气 F 级以下三种类型，并采用了与全国电力行业配额试算方法中类似机组接近

的基准线。

（四）注重数据质量，强化测量、报告与核查制度建设

北京市碳交易体系覆盖的工业直接排放源数量少，第三产业间接排放单位数量众多，为准确测量、报告与核查排放数据带来挑战。为了提高数据质量，北京市针对行业企业排放特点，制定了分行业、分层级的碳排放核算和报告方法与标准，即《北京市企业（单位）二氧化碳排放核算和报告指南》。该指南除了要求活动水平数据需按照国家有关计量标准和器具收集，还对排放因子相关数据要求尽量实测。企业测量和报告排放数据过程中，必须进行不确定性分析并实施质量保证和质量控制程序。

北京市为了检验企业数据报告的真实性和准确性，首先，严格遴选第三方核查机构，对 35 家核查机构和 467 名核查员采取双备案制度，加强对第三方机构的监管；其次，对核查流程、核查内容、报告格式等做出具体严格的规定和要求，对核查费用予以足够财政资金支持；最后，组织专家对所有第三方核查报告进行评审，并抽查其中 30% 由第四方机构进行现场复核。通过以上措施，北京市对排放数据的每个环节严格把关，极大地提高了数据的可信度。

（五）形成价格稳定的碳交易市场，开展碳金融创新

相对于其他试点，北京碳市场交易品种多样，不仅包括地方配额、中国核证减排量（CCER），还纳入了林业碳汇项目和节能项目减排量等。北京市还规定 1 万吨以上的交易必须采用协议而非公开交易方式。从碳市场启动至 2018 年 7 月 31 日，北京碳市场累计配额交易量约

2698.5 万吨（其中公开交易占 36%，协议交易占 64%），交易额 9.76 亿元，分别占七个试点总量的 12% 和 21%；林业碳汇交易量约 14.1 万吨，交易额约 440.3 万元；CCER 交易量约 2049.5 万吨，占七个试点交易总量的 15.5%，交易额约 1.35 亿元。

2013 年 11 月至 2017 年底，北京碳市场年交易量分别为 4 万吨、211 万吨、316 万吨、728 万吨和 753 万吨，交易量逐年递增，说明碳市场日趋活跃。同期，配额年平均价格分别为 50 元/吨、50 元/吨、41 元/吨、32 元/吨和 31 元/吨，呈逐步下降趋势。2018 年以来，受配额进一步收紧等影响，成交量大幅增加，价格明显回升，1—7 月完成配额交易 686 万吨，平均价格为 39 元/吨，其中线上公开交易均价达到 60.7 元/吨，日均价格最高突破 70 元/吨（见图 4-1）。相对于其他试点，北京碳市场供需关系偏紧，碳价维持在较高水平，整个试点期内碳配额平均价格约为 36.2 元，比七个试点总体平均价格 20.4 元高出 78%，是七个试点中碳价最高的地区。

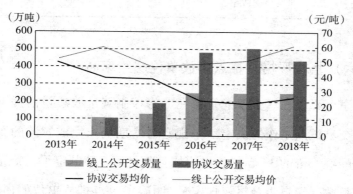

图 4-1 北京碳市场配额交易情况（2013 年 11 月 28 日至 2018 年 7 月 31 日）
注：2013 年数据为 11—12 月数据，2018 年数据为 1—7 月数据。
数据来源：北京环境交易所

北京鼓励重点排放单位或其他配额持有者加强碳资产管理，探索开展了配额抵押式融资、配额回购式融资、配额场外掉期等碳金融交易（见表4-1），提升了社会对碳配额资产价值的认可，为活跃碳市场起到了积极作用。

表4-1　北京试点碳金融交易

产品	交易方	交易时间	交易规模
配额回购	中信证券股份有限公司、北京华远意通热力科技股份有限公司	2014年12月	1330万元
	深圳招银国金投资有限公司、北京华远意通热力科技股份有限公司	2016年1月	1000万元
配额回购+选择性购买	华璟碳资产管理公司、北京太铭基业投资咨询公司	2016年6月	6万吨配额
配额场外掉期	中信证券股份有限公司、北京京能源创碳资产管理有限公司、北京环境交易所	2015年6月	1万吨配额
	深圳招银国金投资有限公司、北京京能源创碳资产管理有限公司和北京环境交易所	2016年6月	2万吨配额

（六）执法严格，重点排放单位履约率高

北京市不仅在《关于北京市在严格控制碳排放总量前提下开展碳排放权交易试点工作的决定》中规定对逾期仍未完成履约的企业将按碳市场配额均价的3~5倍处以罚款且不封顶，还制定了《规范碳排放权交易行政处罚自由裁量权规定》，明确了重点排放单位的违法行为、行政处罚的种类和幅度等，由市节能监察大队负责执法。监察大队建立了从调查立案、取证审核到处罚执行等一系列执法程序，对每个年

度重点排放单位的履约行为进行监管。

　　主管部门还在每年 6 月 15 日履约日后，向社会公布未完成履约单位的名单，责令其限期整改。在 2013—2014 年首个履约年度，北京市对 12 家未履约单位共罚款约 700 万元人民币，并通过媒体曝光产生了较广泛影响，一定程度上促进了 2014—2015 年度 100% 履约。相对其他碳交易试点，北京市覆盖的排放单位数量最多，监管难度大。但是通过严格执法和宣传培训等措施，在 2014—2017 年试点期间，北京市碳交易试点仍实现了高履约率，分别达到 97%、100%、99% 和 100%。

（七）　发挥试点示范作用，探索建立跨区域碳市场

　　北京市在全力实施碳交易试点的同时还发挥了带头示范作用，带动周边地区探索实施碳排放权交易制度，开展跨区域碳市场合作。2014 年底，北京市启动了与河北省承德市以及内蒙古自治区呼和浩特市、鄂尔多斯市的京冀、京蒙跨区域碳排放交易。目前，河北省承德市的 6 家水泥企业和内蒙古自治区两市的 26 家电力和水泥企业被纳入京、冀、蒙区域碳市场，3 个城市与北京市实行统一的碳排放权交易机制和规则、碳排放报告系统、注册登记系统和交易系统，开展区域碳交易。

（八）　碳交易制度推动实现碳减排

　　碳交易制度的实施对北京市碳减排起到积极的推动作用。北京市通过建立严格的碳排放总量控制下的碳市场，并要求重点排放单位既有设施碳排放总量逐年下降，提高了各行业的节能减碳意识。碳交易政策与各项节能、低碳政策的协同实施，为实现地区碳减排目标做出了贡献。据统计，纳入碳交易体系的重点排放单位 2013—2015 年累计

实现碳减排 1000 万吨；北京市 2015 年单位 GDP 碳排放相比 2014 年下降 9.3%，超额完成了 2.5% 的年度目标；"十二五"期间单位 GDP 碳排放累计下降了 30%，大幅度超出 18% 的规划目标。同时，重点行业通过北京市碳市场实现了大幅减排，据估算，2013—2016 年纳入的电力和服务行业重点排放单位分别实现碳减排约 238 万吨和 699 万吨。

二、碳交易试点存在的问题

北京市碳交易试点取得了突出的成效，但也暴露出以下问题：

（一）政策透明度不高，缺乏政策预期

北京市在"1+1+N"的碳交易政策体系建设过程中总体做到了及时、公开和透明，但一直没有公开配额总量等关键信息。配额总量是评估碳交易政策效果以及市场各参与方进行交易需要的基本信息，部分试点公布了配额总量目标及其组成部分的量化数据，有利于市场参与者参与交易和社会监督。虽然北京市提出了"在严格控制碳排放总量前提下开展碳排放权交易试点工作"，但是不公布相关数据信息有悖于建立公开、公平和公正的碳市场原则。

此外，虽然北京市明确提出其碳市场在 2016 年 6 月 30 日后继续运行，但是 2017 年全国碳市场启动之后，与全国碳市场衔接的有关政策安排仍然不明朗，不利于市场参与者进行减排、配额管理和交易规划。目前北京市碳交易体系覆盖的 943 家重点排放单位中，只有 30 余家符合国家碳市场的准入标准。纳入国家体系的排放单位持有的地方配额如何与国家配额衔接、2020 年后北京市碳交易市场是否不间断运

行、继续管制余下众多排放单位，是迫切需要解决的重要问题。

（二）市场活跃度有限

北京市碳市场自开市以来，碳价保持稳定，配额交易量也逐年增长，但整体不活跃。已实现的配额交易量只占累计核发配额总量的10%左右，交易活动以履约为主导，相对于其他试点，投资机构和个人参与较少。

北京市碳市场纳入的重点排放单位数量众多，但多为服务类企业、国家机关和事业单位，它们配额体量小、管理制度约束能力不足，除了履约，其参与配额交易和进行碳资产管理的意识不强，尤其是收支两条线的财政拨款单位，几乎没有参与交易的动力。而北京市对投资机构和个人的准入标准较高，参与碳市场的非履约企业和个人数量较少，影响了市场的活跃度。

（三）核查机构监管亟待加强

第三方核查机构在碳市场中的作用非常重要，核查质量关系到碳交易制度的公信力和严肃性。虽然北京市通过核查机构和核查员双备案制度强化监管，但在《关于北京市在严格控制碳排放总量前提下开展碳排放权交易试点工作的决定》和《北京市碳排放权交易管理办法（试行）》中都没有明确核查机构的法律责任。

在核查机构管理办法中，对核查机构的违法行为，惩罚措施只限于通报、取消备案资格、向企业信用信息系统主管部门提供相关信息等，相对于其他试点采取的经济处罚和年度评估等措施，力度还需加强。对于核查费用，北京市在试点后期取消了财政支持，核查工作改为以市场竞争方式进行，造成核查市场低价竞争、核查与咨询交叉执业缺乏独立性等问题，为保证核查质量带来一定风险。

（四）能力缺乏

北京市在碳交易试点过程中，针对重点排放单位开展了大量的能力建设活动，但由于碳交易覆盖范围广、行业跨度大，部分重点排放单位对碳交易的重视程度仍不高，碳排放核算技术能力还有待提高。总体看，电力等工业行业能力较强，服务类行业能力相对较弱，尤其是碳排放监测计划的实施能力，以及对重点排放设施的燃料热值、含碳量、碳氧化率等指标进行实测的能力亟待提高。

三、对全国碳市场建设的启示

北京市碳交易试点培养了碳总量控制与交易制度的相关能力和意识，对碳交易政策实施体系中各方面要素进行了全面考察和检验，形成了一些好的做法和经验，为国家建立碳排放权交易市场提供了以下启示和借鉴：

（一）应强化碳市场政策法规和监督执法体系建设

北京市建立了以地方法规统领的碳交易政策法规体系，并由主管部门及执法机构实施监管，使碳交易制度具有较强的法律约束力。全国碳市场建设应立法先行，构建公开、公平、公正的政策法律环境。在上位法中，应明确重点排放单位、核查机构、交易机构、政府管理部门等各参与方在碳交易实施中的权利和义务，清晰界定各方的法律责任，明确各类违法行为和处罚措施。应充分发挥国家和地方主管部门、行业及有关部门的监督管理职能，依托地方执法机构建立属地执法体系，并加强国家层面的监督机制建设，以充分保障碳交易制度的严肃性和强制力。

（二）应实行严格的碳排放总量控制

北京市结合城市战略定位确立了较为严格的碳市场总量控制目标，利用控排系数、行业先进值和优化电力排放因子系数等方式从紧分配配额，有利于实现减排目标和维护市场稳定。我国已制定了 2020 年至 2030 年极具挑战性的碳排放强度及峰值总体目标，碳排放总量控制与交易制度是实现总体目标的重要措施，因此必须确定严格的碳交易总量控制目标。全国碳市场建设应在自底向上确定重点排放单位排放数据基础上，结合国家和省级减排目标等因素，科学合理地确定全国碳市场的配额总量及配额分配方法，适度从紧分配配额，并建立配额调整机制应对经济和市场形势变化。建议以产业结构调整和优化为导向，设立并细化行业的碳排放控制系数，扩大行业基准线法的使用范围。在纳入电力、热力等行业排放时，应充分研究同时纳入终端电力和热力消费间接排放对配额总量的影响，避免重复计算。

（三）应注重数据质量，加强排放单位的能力建设

北京市通过建立分行业核算方法、统一能耗和排放数据报送系统、加强核查技术规范、进行第四方审核等措施，完善了 MRV 管理机制，提高了数据质量和可信度，为碳市场有效运行提供了基础保障。国家碳市场覆盖的重点排放单位数量众多、管理水平千差万别，对数据报

告的真实性、准确性、科学性带来很大挑战。建议从以下几方面保证数据质量：

第一，充分调动省市级主管部门和行业部门力量，加强重点排放单位在计量器具配备、监测计划实施、重点设备碳排放数据实测等方面的基础能力建设，提高碳排放数据报告质量。

第二，加快重点排放单位碳排放数据直报系统平台建设及整合，实现碳排放数据与能耗在线监测数据的共享和校验比对。

第三，建立严格的碳排放历史数据和年度数据的核查程序及标准，统一核查报告模板，安排财政经费支持核查工作，提高核查质量。

第四，对核查机构实行年度评估或行业自律等监管措施，确保核查工作的独立性、公正性和准确性。

参考文献

[1]国家气候战略中心.中国碳市场报告2016[M].北京:中国环境出版社,2016.

[2]国家气候战略中心.中国碳市场报告建设调查与研究[M].北京:中国环境出版集团,2018.

[3]北京环境交易所.北京碳市场年度报告2017[R].2018.

[4]北京市国民经济和社会发展第十三个五年规划纲要[Z].2016.

[5]中共北京市委,北京市人民政府.关于全面提升生态文明水平推进国际一流和谐宜居之都建设的实施意见[Z].2016.

[6]北京市发展改革委.关于重点排放单位2016年度二氧化碳排放配额核定事项的通知[Z].2016.

第二篇

碳价机制与碳金融研究

第五章①

利用经济手段应对气候变化
——碳税与碳交易对比分析

2013 年被人们称为中国碳交易元年，因为七省市碳交易试点于当年启动，包括碳税在内的环境税的推出也被列入政府日程。同年 3 月，财政部完成了《中华人民共和国环境保护税法（送审稿）》，将现行排污收费改为环境保护税，并对二氧化碳排放征收环境保护税。同年 7 月，财政部部长楼继伟在中美战略经济对话上高调宣称中国会在适当的时候征收碳税。应对气候变化，控制温室气体排放，中国应采取市场化的碳交易政策还是宏观调控功能极强的碳税政策，这一争论从来没有像当前这样激烈。本章总结了碳税政策的实施经验和拟议中的中国碳税制度的主要内容，对碳税和碳交易政策进行了对比分析，并为国家进行政策选择提出意见和建议。

---

① 原文发表于《中国能源》2013 年第 10 期，作者郑爽、窦勇。

一、碳税及实施经验

为应对气候变化，在采取指令性手段的同时，很多国家实施了碳税和碳排放权交易等经济措施，鼓励低成本减少温室气体排放。其中，碳税是以应对气候变化、减少二氧化碳排放为目的，向化石燃料使用者征收的环境税。理论上，碳税应针对二氧化碳排放量征收，但各国在实践中通常是对煤、石油、天然气等化石燃料按其含碳量设计税率征收。本质上，碳税是通过增加税负来提高含碳的化石能源的价格，以促进能效提高和资源节约利用，相对减少温室气体排放。另外，碳税作为一种财政手段，除起到应对气候变化的作用外，还会达到改革赋税结构和增加财政收入的目的。

碳税主要在北欧国家实行，芬兰、荷兰、挪威、瑞典、丹麦从20世纪90年代开始征收碳税。目前征收碳税或者气候变化税种的国家和地区还有哥斯达黎加、爱尔兰、爱沙尼亚、加拿大魁北克、意大利、德国、瑞士、日本和英国等。在碳税形式上，各国情况不尽相同，有的以独立税种，有的作为早已存在的能源税或消费税的税目形式出现，具体情况见表5－1。

表5－1　各国实施碳税概况

国家	内容	涵盖范围	税率	收入与用途	环境效果
丹麦	1992年首次开征二氧化碳税；1996年引入新碳税（包含二氧化碳税、二氧化硫税、能源税的新税）	1992年：除汽油、天然气、生物燃料外的所有二氧化碳排放 1996年：税基扩大到供暖用能源	1992年：17.38美元/吨CO_2 1996年：13.4欧元/吨CO_2 1999年：12.1欧元/吨CO_2	部分税收为企业节能减排项目提供补贴	2005年企业排放CO_2减少230万吨，其中一半归功于碳税 2005年CO_2排放比1990年减少15%
荷兰	1990年开征碳税，作为能源税的一个税目；1992年成为能源/碳税（各50%）;2007年对包装材料征收碳税	1992年：涵盖所有能源 2007年：增加包装材料燃料	1995年：2.88美元/吨CO_2	1995年碳税收入为0.78亿美元 2009年包装材料碳税收入为3.65亿欧元	2000年二氧化碳排放降低170万~270万吨
芬兰	1990年引入碳税，对燃料按含碳量征税 1994年调整能源税，对燃料分类征税	涵盖范围：所有化石燃料 部分工业部门减税；电力、航空、国际运输用油等部门税收豁免	1990年：1.62美元/吨CO_2 1995年：8.63美元/吨CO_2 2003年：18欧元/吨CO_2 2008年：20欧元/吨CO_2 2012年：汽油78美元/吨CO_2，煤炭、天然气等其他燃料39美元/吨CO_2	1995年碳税收入约2.1亿美元 近年碳税收入约30亿欧元	1990—1998年，相比没有碳税的年份，年均减少二氧化碳排放7%

续表

国家	内容	涵盖范围	税率	收入与用途	环境效果
瑞典	1991 年引入碳税，按含碳量计税	涵盖范围：家庭、服务业 工业部门减税 50%（2002 年，减税比例调制 70%），电力、航空、造纸等部门税收豁免	1991 年：37.70 美元/吨 CO_2 1993 年：工业部门和普通部门碳税分别为 12.06 美元/吨 CO_2、48.25 美元/吨 CO_2 2009 年：158.32 美元/吨 CO_2	碳税是总体财政改革的组成部分 在工业、交通、发电等行业对所用燃料实现减税	1995 年 CO_2 排放量比 BAU（维持1990年前政策）减少了15%，其中的90%归功于碳税的实施 2006 年相比 1990 年二氧化碳排放降低8%
挪威	1991 年征收碳税，覆盖范围占所有 CO_2 排放的 65%。按燃料含碳量计税	1991 年：汽油、矿物油、天然气 1992 年扩展到煤和焦炭，部分行业税收豁免或减半	1995 年：汽油 19.72 美元/吨 CO_2，柴油 61.01 美元/吨 CO_2 2013 年：4.76 ~ 71.46 美元/吨 CO_2	1995 年碳税收入为 10.46 亿美元	1991—1993 年 CO_2 排放量下降了 3% ~ 4%
英国	2001 年开始征收气候变化税	企业及公共部门的电力、煤炭、天然气和液化天然气 热电联产和可再生能源免税，达到协议标准的企业减税	天然气：16.87 美元/吨 CO_2 煤：9.08 美元/吨 CO_2 电：18.17 美元/吨 CO_2	垫付养老金 为能效提高和节能技术提供资金	2005 年相比 2001 年二氧化碳排放降低 5800 万吨
美国	2006 年科罗拉多州大学城圆石城开征碳税	覆盖范围：燃煤发电	12 ~ 13 美元/吨 CO_2	每年 100 万美元 用于提高城市能源效率	—

· 73 ·

续表

国家	内容	涵盖范围	税率	收入与用途	环境效果
加拿大	2008 年不列颠哥伦比亚省开始征收碳税	覆盖范围：所有燃料，居民、商业和工业等部门，占排放总量的75%	2008 年：10 加元/吨 CO_2，每年增加 5 加元/吨 CO_2 2012 年：30 加元/吨 CO_2	3.38 亿加元同时降低个人和企业所得税，针对性减免弱势家庭和社区的税收	2008—2011年，不列颠哥伦比亚省人均温室气体排放量下降10%，加拿大其他地区(未实行碳税地区)只下降1%
南非	计划 2015 年正式引入碳税	覆盖范围：所有的经济部门	2015 年：11.97美元/吨 CO_2 2015—2020 年：税率每年递增 10%	预计碳税政策收入 7.98亿元~29.92 亿美元	—
日本	2012 年开始征收气候变化减缓税	所有化石燃料消费者部分农业、交通、工业部门享受税收豁免或者税收返还	2.87 美元/吨 CO_2	替代部分能源税（如汽油税等）	—

注：所有碳税和收入按 2013 年 5 月 30 日兑美元汇率折算。

资料来源：根据苏明等的《碳税的国际经验与借鉴》《中国开征碳税理论与政策》，张薇等的《北欧国家碳税制度的探讨及借鉴》，周剑等的《北欧国家碳税政策的研究及启示》以及《碳税与碳交易的国际实践与比较》等文献整理

维护社会公平、保持税收中性是碳税顺利实施的重要前提。许多国家在实施碳税时遵循了宏观税收强度中性原则，即在开征碳税的同时，降低其他税种的税负，从而保持宏观税负水平不变。这不仅增强了碳税在环境保护方面的效应，还减少了其他税收负担，降低了征税的福利成本，得到所谓"双重红利"。

各国在开征碳税时的经济社会背景不同，也有各自的政策目的，并且由于经济社会发展水平不同，碳税的实施效果有较大差异。总结

欧洲国家的碳税经验，虽然最早开始征收碳税的国家并非为了应对气候变化，但是在部分国家确实产生了环境方面的效应，主要包括三个方面：一是价格效应，即降低对高碳能源的需求，推动低碳能源的使用，提高替代能源的比例，从而减少温室气体排放。例如，由于实施碳税，1991—1993 年挪威二氧化碳排放下降了 3%~4%；2005 年丹麦企业共减排二氧化碳 230 万吨，其中一半应归功于碳税。二是引导效应，即促进国家能源结构、国民生活方式以及社会理念向低碳方向发展。三是财政效应，即国家将碳税的收入用于鼓励及补贴新能源及推广先进节能技术。

二、对中国碳税制度的建议

碳税在国外的成功实施、国内环境保护的需求以及增加财政收入等多种驱动因素使中国学术界和实务界开始重点关注这一应对气候变化的非市场手段。从 2006 年开始，国内就围绕碳税开征的必要性和可行性、我国碳税制度设计、碳税对我国经济的影响等问题展开了研究。多数研究认为，碳税作为新税种，其开征将面临经济性、社会性、制度性以及技术性等多方面障碍。而碳税又具有明显优点，如价格信号明确，可以引导和激励企业做出减排决策；在现有税制基础上新增一种税种，实施成本较低，灵活性强；有利于树立国际形象，可为我国在应对气候变化的国际谈判中争取有利局面等。因此有政府部门和学者主张将碳税作为我国应对气候变化主要的政策工具之一，成为一种有效促进碳减排的长效制度安排，并研究提出了中国碳税税制框架内容。对于碳税设计的原则，一般认为应充分考虑我国环境税收体系建设和各税种的宏观布局、碳税的预期效应、纳税人的承受能力、国家的能源结构、矿产资源和能源等生产要素价格形成机制的完善程度、政府的征管水平等多种因素，还应体现我国在应对全球气候变化国际制度中作为发展中国家应该承担的责任。

许多研究认为，中国碳税制度必需的要素应包括纳税人、征税范围和对象、计税依据、税率、征税环节、税收优惠、收入归属和收入使用等。其中，纳税人应为因消耗化石燃料向大气直接排放二氧化碳的单位和个人；征税范围和对象应包括在生产经营领域或消费过程中向大气直接排放的二氧化碳；计税依据应为二氧化碳的实际排放量或估算排放量（根据化石能源的消耗量和含碳量计算）；税率可以是定额税率，如 10～100 元/吨二氧化碳，从量计征；征税环节可为生产和消费环节；对于采用二氧化碳减排和回收技术并达标的企业，以及能源密集型行业可以免征或减免碳税；在收入归属上，虽然二氧化碳排放是全国范围的，更符合中央税的理论划分标准，但为了减少开征碳税的阻力，建议将碳税作为中央和地方共享税；碳税的收入应纳入预算管理，同时加大财政对节能环保和应对气候变化方面的投入。

对于开征时机的选择，一些研究判断在 2012 年后，将形成应对气候变化的国际新格局，并且中国二氧化碳减排压力巨大。因此，建议中国从 2012/2013 年或资源税改革完成后开始征收碳税。

三、碳税与碳交易对比分析

以应对气候变化、削减控制温室气体排放为目标，目前国际上比较常用的经济手段除碳税外还有碳交易机制。比较两种政策工具，选择合适的减排政策手段，对我国应对日益增长的温室气体排放有着重要的意义。笔者对两种政策措施进行了对比分析和研究，结论如下：

（一）碳税对国家经济的负面影响大于碳交易

对于征收碳税对我国经济的影响，国内已有系统、完整的研究成果。学者们主要采用定量分析方法，通过建模来考虑碳税对我国碳减排率、GDP、通货膨胀等带来的正面或负面影响，并由此确定最佳税率。多数模型结果表明，征收碳税将使中国经济恶化，但抑制了二氧化碳排放。例如，杨超等（2011）采用投入产出模型，在一定的假设条件下得到的结果是在 8.84 元/吨二氧化碳的税率下，二氧化碳排放将减少 3.92%，GDP 将下降 0.99%，CPI 将上涨 2.96%。由于我国煤炭等化石燃料消费量巨大，碳税的开征将导致化石燃料价格上升、工业企业生产成本提高。尤其对煤炭采选业、天然气开采业、电力工业、石油工业、钢铁工业和其他重工业产品出口影响较为严重，将削弱我国相关产业和产品的国际竞争力，全面影响经济运行并导致短期内GDP 下降。但从长远看，在税率不变的情况下，碳税的负面经济影响和减排效果都将不断弱化。

由于会造成明显的经济负面影响，碳税饱受争议。因此，很多研究建议征收碳税从低税率开始，如 10 元/吨二氧化碳，以减少对企业的冲击，随后逐渐提高税率，达到削减温室气体排放的目的。若按最低 10 元/吨二氧化碳征收碳税，相当于每吨煤炭、原油、汽油和柴油的成本分别增加 19.4 元、30.3 元、29.5 元和 31.3 元，每 1000 立方米天然气成本增加 22 元。但低税率将使二氧化碳减排作用大幅弱化。

碳交易政策对经济的影响主要是正面的，负面影响较少。首先，碳排放配额在交易制度初期通常是免费分配到企业，对排放者来说没有成本负担。而制度设计中规定企业可以使用项目级减排量抵消部分排放，这将进一步降低可能的遵约成本。对企业消极影响的减少意味着企业将能够保持其在国内外市场上的竞争力。

其次，在碳交易机制下，减排潜力大、减排成本低或者生产技术先进的企业可以加大减排，通过出售排放配额获益。而减排潜力小、减排成本高的企业则可以通过购买排放配额控制自己的生产成本。这种机制在保证确定的环境效果下，使企业拥有较大的灵活性和自主空间，增强企业自主减排动力，使二氧化碳减排有利可图，最终实现全社会减排成本的最小化。

最后，以低排放、低能耗、低污染为特征的新的经济发展模式——低碳经济，是国际经济发展的新趋势，通过市场机制减少温室气体排放更是低碳经济的最前沿，碳交易及其带动的相关产业正在成为国民经济新的增长点。碳交易制度的实施能带动环境产业、咨询服务、碳金融服务、金融创新等领域的发展，增加就业，吸引资本市场的资金参与减排，为应对气候变化的行动注入活力。多层次碳交易市场不仅将为国内第三产业的发展带来商机，提高服务业水平和竞争力，还有利于中国在未来机遇与挑战并存的国际碳市场上有能力主导碳定价，保护国家利益。

（二）碳交易比碳税具有更确定的环境效果

首先，碳税没有对二氧化碳的排放总量进行控制，而是通过强烈的价格信号让市场主体做出有利于自身的选择，因此，碳税的减排效果具有不确定性。碳税的减排效果和税率虽然有着紧密的联系，高税率的减排效果明显，但两者不存在确定的数量关系。而且随着税率的提高，减排效果的边际递减和减排成本的边际递增使减排的不确定性增大。其次，从长远看，我国能源供应短缺，能源需求存在刚性，实施碳税带来的能源成本上升有可能会转嫁给能源消费者，进一步增加减排效果的不确定性。最后，可能采取的税收优惠和减免也会使减排效果偏离应对气候变化的最初设计。从征收碳税的国家经验来看，只有丹麦、瑞典、芬兰几个国家的实施效果较好，其他国家的实施效果并不明显。因此有研究认为，依靠较高税负水平的碳税来实现我国2020 年二氧化碳排放强度目标存在不确定性。

相比之下，碳排放权交易政策在减排目标上更加明确。碳交易会设置明确的总量控制目标，通过"排放上限"的设定，设定全国范围内明确的总量目标。又可以通过排放配额的分配，明确地区、行业、企业的减排目标。然后在量化温室气体总量控制目标下进行排放配额的遵约和交易，保证定量的环境效果。同时，对地区和排放源企业实施排放量测量、报告与核查制度，对温室气体排放量和企业遵约状况进行明确清晰的管制。碳交易政策的实施还能够填补我国应对气候变化基础能力中温室气体排放测量、报告与核查方面的巨大空白，为国家决策提供准确科学的依据，同时树立企业碳减排意识，并提高其相关能力，这是碳交易明显优于碳税的方面。

（三）碳税的实施成本相对较低

人们通常认为碳税有计量简单、操作容易、便于检测的优点。碳税的税基是碳的排放量，可以根据各种能源的消耗量和含碳量近似估算排放量，再考虑减排技术和回收利用等措施计量真实的碳排放量，不需复杂检测，税务人员操作容易。另外，征收碳税将依托已有的税制体系，无须设置新机构，不存在行政制度障碍，因此碳税的管理成本较低。

碳交易系统不但需要建立全面的碳排放量测量报告与核查、配额确定、分配、交易、登记簿遵约和监管的体系，还会涉及金融、财政、环境等多部门的协调工作，以及大规模、全方位的能力建设，行政成本和管理成本均较高。所以，人们普遍认为碳排放交易的实施成本高于碳税。

需要注意的是，碳税政策的建立和开征也是很复杂的。为协调与其他税种的关系、维护社会公平、保持税收中性等，政府仍需要开展大量工作。在我国现行税制中，对化石燃料还会征收增值税、资源税、排污费，以及包括燃油税、燃料税、电力税、成品油消费税等在内的能源税等税种。虽然碳税对化石燃料的征收范围可能要大于资源税、消费税和能源税，而且这些税种在计税时不考虑化石燃料的含碳量，但碳税与这些税种存在重复征收，且都具有二氧化碳减排和节约能源的作用。因此开征碳税，必须理顺碳税与我国现存税种的关系，防止过度征税和重复征税。

（四）碳税和碳交易的社会接受度不同

一方面，征收碳税加重了资源开采、煤炭和石油的加工精炼等缴纳碳税行业的负担，影响了我国产品在国际市场上的竞争力。另一方面，随着化石燃料价格的提高，其影响会波及使用化石能源的行业，并可能产生通货膨胀，对居民的收入和消费造成负面影响，从而降低生活质量。因此，碳税不可避免地会遭到相关工业和经济部门、企业以及个人的反对。还有反对者认为,碳税的开征并不能减少二氧化碳的排放,就像烟草税并未减少烟草的消费,因为当人们适应了烟草税并把烟草税看成吸烟必须要付出的代价,而忽略了烟草税设计的初衷时,通过税收遏制吸烟也就不再有效。同样,碳税也有可能沦为如烟草税这样的税种,不仅不会减少二氧化碳的排放,还会成为重要的财政收入来源。所以征收碳税既要综合权衡政策实施的社会、经济、环境影响,还要考虑政治和社会的接受程度。

而碳交易政策的特点是对企业具有灵活性,在一定的排放目标下,企业可以选择自主创新减排或到市场进行配额买卖,从而降低减排和遵约成本。此外,碳交易政策初期的排放配额为免费发放,因此来自企业的阻力和抵触通常较小。但碳交易是发达的市场经济和法治社会的产物,需要保护环境的强烈政治意愿和动力。国内对利用市场手段减少温室气体排放的方式普遍认识有限,政府、企业和个人对于碳交易政策的接受程度也不高。但近年来,随着中国开发了大量的清洁发展机制项目以及七省市碳交易试点的实施,社会各界的碳市场意识正在提高。

(五) 碳税的国际影响和作用低于碳交易

人们普遍认为实施碳税和碳交易政策有利于提高我国应对气候变化的国际形象,特别是碳税还能够有效应对贸易摩擦。美国众议院通过的《清洁能源安全法案》和以此为基础的参议院《美国电力法案》都提出要对进口产品以"边境调节税"的名义征收碳关税,设置环境贸易壁垒,而由于对碳税征收方的出口产品征收碳关税是双重征税,违反 WTO 规则,因此中国在国内开征碳税,可以使发达国家的"碳关税"失去合法性。但问题是发达国家设置"碳关税"的目的是增加出口国出口产品的成本，削弱出口国的竞争力，而我国自己征收碳税也会产生同样的效果。

相比之下，我国实施碳交易政策产生的积极国际影响将更加具体。在国际谈判层面，《巴厘行动计划》达成以来，"可测量、可报告、可核实"成为对发展中国家适当减缓行动的常规要求。我国将实施的碳排放权交易，不但有明确的总量控制目标，还有完善的温室气体测量、报告与核查（MRV）体系。虽然我国自主的碳交易政策没有被纳入国际减排机制框架，但建立和实施与碳交易相关的科学、严格的技术要求和能力建设是我国在国际谈判中明显有利的筹码。同时，国内实践的经验和启示可以为我所用，在制定碳交易机制方面的国际规则时更多反映我国的利益诉求。

此外，欧盟立法规定2012年开始，所有进出欧盟的国际航班必须加入欧盟排放贸易体系，对我国正在快速上升发展阶段的航空业带来较大的负面影响，对此我国还没有合适的应对措施。而欧盟航空排放贸易立法相关条款规定，若非欧盟成员国也实施类似欧盟的碳排放贸易体系，则可能获得豁免。虽然我国实施全国的碳交易制度还需要较长的时间，但它仍然可能成为我国与欧盟进行相互豁免谈判、制衡发达国家的有效手段。

四、结论与建议

以上对比分析说明，碳税和碳排放权交易两种政策工具各有优劣。对于如何进行政策选择，许多研究认为它们之间不是简单的相互替代关系，而是可以相互补充，并且与其他二氧化碳减排经济政策一起，共同发挥促进二氧化碳减排的作用。但笔者认为两者虽然可以相互补充，不发生重叠，但同时实施必定会大幅度提高政策协调难度，并引起价格信号混乱。同时，我国目前的气候变化和环境管理水平、财政管理水平也难以承担两项政策协调实施的重任。

笔者认为国家正在进行的税制改革，即设立环境保护税种取代现行的排污收费制度，将有利于环境管理和提高公众环境意识，是中国社会经济发展到一定水平的必然选择，十分必要。但碳税不应搭乘环境税的顺风车。实施碳税将对经济产生负面影响，还面临公平性问题、环境效果不确定、社会阻力大，以及国际影响不明显等障碍。因此，中国实施碳税将产生较高的经济和社会代价，不适宜作为中短期内的政策选择。鉴于长期实施碳税政策也将持续带来减排的不确定性，因此是否作为远期的主要政策工具也应审慎考虑。在我国不断深化市场经济体制建设的总体目标和"十二五"规划明确提出逐步建立全国碳交易市场的政策背景下，建议中短期内不考虑碳税，而着重进行碳交易体系及排放数据等相关基础能力建设，以控制温室气体总量排放目标为远景，分阶段、分量化目标形成和完善碳交易体系，使之成为应对气候变化的长期政策工具之一。

参考文献

[1] 贾康,王桂娟. 以税制绿化和碳税开启新一轮中国环境税制改革[J]. 开放导报,2011(4).

[2] 国家发展改革委.中国碳税税制框架设计[Z].

[3] 苏明,等.碳税的国际经验与借鉴[J].环境经济,2009(9).

[4] 王颖,刘经纬.中国碳税问题研究[J].东北农业大学学报(社会科学版),2011(2).

[5] 刘轩昊.论我国开征碳税的理论基础[J].现代经济信息,2011(4).

[6] 柳耀辉,刘文文.碳税的理论与实践初探[J].经济师,2011(6).

[7] 张晓盈,钟锦文.碳税的内涵、效应与中国碳税总体框架研究[J].复旦学报(社会科学版),2011(4).

[8] 胡新婷.我国碳税研究的进展及反思[J].财务与金融,2011(4).

[9] 郑爽.提高中国在国际碳市场的竞争力[J].中国能源,2008(5).

[10] 杨超,王锋,等.征收碳税对二氧化碳减排及宏观经济的影响分析[J].统计研究,2011(7).

第六章[①]

————————————————▼————————————————

碳交易试点市场的碳价形成机制

环境经济学理论指出，碳交易机制可以驱动资源在企业之间进行优化配置，通过碳交易价格的指引，减排成本高的企业从低减排成本的企业处购买碳排放权，直至碳交易价格与边际社会减排成本相同。碳价格的形成在碳交易机制中处于核心地位，碳市场需要建立有效的价格形成机制来保障其正常运行并提高对环境资源的配置效率。本章以 2013—2016 年七省市碳交易试点期间形成的碳市场为研究对象，以碳价格影响因素与碳价格形成机制等环境经济理论为依据，通过实证、层次与定性分析，建立试点碳市场碳价影响因素与碳价格形成机制的研究框架和方法，识别并衡量碳价影响因素，研究确定碳交易试点的碳价形成机制，并对全国碳市场建设提出建议。

————————————————

① 原文《论碳交易试点的碳价形成机制》发表于《中国能源》2017 年第 4 期，作者郑爽、孙峥。

一、试点碳市场运行概况

（一）具有一定市场规模和活跃度，交易集中度高

2013 年 6 月 18 日至 2014 年 6 月 19 日，七省市碳交易试点相继启动运行。碳市场从无到有，交易规模逐年增长，年交易量和交易额分别从 2013 年的 340 万吨、2.03 亿元增长至 2016 年的 7108 万吨、11.74 亿元，市场初具规模（见图 6 - 1）。

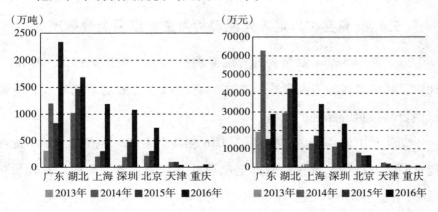

图 6 - 1　2013—2016 年各试点配额交易量及交易额

截至 2016 年 12 月 31 日，七个试点地区累计碳配额交易量超过 1.39 亿吨，交易额约 34.7 亿元，其中公开交易量和交易额分别占 48.4% 和 48.5%，协议交易量和交易额分别占 38.5% 和 27.5%，配额拍卖量和成交额分别占 13.1% 和 24%。但相对于七个试点年度配额总量 12 亿吨的规模，碳市场活跃度和流动性仍然很有限。交易活动集中于少数试点地区，广东的交易量和交易额分别占试点合计的 34% 和 36%，湖北分别占 30% 和 26%（见图 6-2），与两个地区的排放量和配额规模呈对应关系。

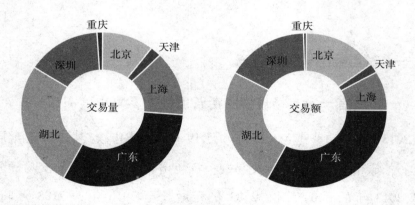

图 6-2 碳交易试点交易量、交易额地区构成（截至 2016 年 12 月 31 日）

（二）交易品种以地方配额现货为主，出现类金融产品

试点期间的交易品种为地方配额现货和中国核证减排量（CCER）现货，其中又以地方配额现货为主。有些试点还鼓励节能量和林业碳汇项目减排量等品种的交易。

湖北和上海两个试点分别于 2016 年 4 月和 12 月推出了基于配额现货的远期品种，旨在为控排企业和投资者建立市场预期、管理价格风险。截至 2016 年底，湖北碳配额远期的交易量和交易额分别高达 2.49 亿吨和 60 亿元，分别是所有试点现货市场四年累计总交易量和交易额的 179% 和 173%。

随着碳市场规模扩大、活跃度上升，金融、投资机构探索开发了以配额、CCER 为标的的回购、质押贷款、抵押贷款、债券、基金等碳金融产品，为控排企业进行碳资产管理、风险控制提供了机会，同时活跃了碳市场的发展。

（三）碳价格逐年下降，区域性差异显著

发现价格是市场机制的重要功能。2013—2016 年，七个试点碳配额合计年平均价格分别为 59.57 元、40.44 元、25.50 元和 16.52 元，碳价波动幅度大且呈逐年下降趋势。

2013 年，北京和广东两试点开市价格为 50 ~ 60 元/吨，深圳、上海等五个试点开盘价格为 20 ~ 30 元/吨；2014 年履约期间，价格低开地区逐渐走高，买单增加，卖家惜售，配额价格普遍上涨；2015 年和 2016 年，受配额总量宽松、CCER 入市、经济下行等因素影响，各试点碳价出现大幅度下跌。如上海年度均价从 2014 年的 38 元/吨跌至 2016 年的 5 元/吨左右；广东从 2014 年的 51 元/吨左右降至 2016 年的 12 元/吨左右（见表 6 – 1）。

表 6 – 1 各试点开盘价及年度均价

单位：元/吨

省市	开盘价	历史最高	历史最低	2013 年	2014 年	2015 年	2016 年
北京	51.25	77.00	32.40	51.23	49.66	41.45	31.88
天津	29.00	50.11	7.00	27.99	20.28	14.29	9.86
上海	25.00	44.90	4.21	25.33	38.24	20.74	5.07
重庆	30.00	39.60	3.28	—	30.74	17.68	7.97
广东	60.00	77.00	8.10	60	51.83	18.17	12.40
湖北	20.00	28.01	10.48	—	22.94	24.80	17.90
深圳	28.00	130.90	15.67	66.70	65.24	35.12	26.04

续表

省市	开盘价	历史最高	历史最低	2013 年	2014 年	2015 年	2016 年
合计	—	—	—	59.57	40.44	25.50	16.52

试点碳价格呈现明显地方差异。以各试点年度均价为例（见表6-1、图6-3），2014 年，碳价格从 20 元/吨（天津）到 65 元/吨（深圳）不等，呈现经济发达地区碳价高、经济欠发达地区碳价低的趋势；2015 年，碳价区间为 14 元/吨（天津）到 41 元/吨（北京），区域碳价差异维持在 3 倍左右；2016 年，碳价格从 5 元/吨（上海）到 32 元/吨（北京）不等，区域差距扩大至 6 倍左右，并呈现经济发达地区碳价波动大、分化明显，整体碳价大幅下跌的特点。

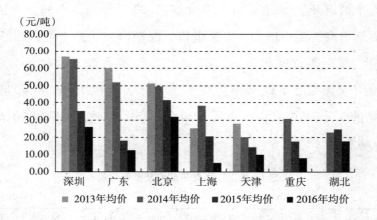

图 6-3　各试点年度均价

（四）交易主体、方式多样，市场参与度有限

试点地区均规定遵约企业、投资机构、中介和个人可以参与碳交易。履约是交易的主要目的，控排企业是碳市场的交易主体。各行业的市场参与度随试点情况差异而不同，如北京试点的服务业参与度较高，

因为其配额短缺；上海试点的电力与热力行业参与度较高，其交易量占控排企业交易总量的50%；在广东，电力和水泥企业参与交易程度高，钢铁行业则相对消极；湖北交易规模大，个人投资者最具活力，个人交易开户数超过6200个。碳市场还吸引了国外投资机构、银行、证券业等金融机构、碳资产管理公司和中介服务机构等参与。根据七个试点覆盖企业数量和各交易所开户量估算，试点碳市场交易主体的数量理论上有近万家，但市场却表现为日成交量小，交易间断时有发生，"有价无市"现象普遍存在，说明交易主体的市场参与度仍然不足。

试点碳市场的交易模式分为场内公开挂牌交易和协议转让两类，其中，公开交易包括整体和部分竞价、定价交易等方式；相比之下，协议转让价格谈判空间大、条款灵活，适合关联和大宗交易。试点期间七个地区均规定，1万吨、10万吨或20万吨以上交易须采用协议转让方式。

（五）一级市场与二级市场配额价格形成联动

初始配额分配采用有偿拍卖方式有利于树立企业降低碳排放成本和资源有偿使用的意识，刺激企业加大技术创新投入，同时为碳市场提供价格信号，便于政府进行市场调控。例如，广东和湖北采用拍卖方式进行少量初始配额有偿分配，上海和深圳曾在2014年履约截止期前拍卖部分预留配额以促进控排企业履约。截至2016年底，七个试点配额拍卖总量为1824.3万吨，拍卖总金额约为8.31亿元，其中广东占比分别高达88.5%和95%。

广东和湖北初期采取政府定价方式，拍卖价格分别为60元/吨和20元/吨。广东实行常规化拍卖，已进行13次一级市场配额有偿发放，定价机制也经历了完全由政府设定底价到完全与二级市场联动并设定政策保留价的过程；而深圳和上海拍卖均以二级市场价格为基础制定拍卖底价（见表6-2）。四个试点地区的拍卖过程显示，配额分配一级市场与二级市场价格已形成联动，政府定价逐渐弱化，市场配置资源的作用逐渐增强。

表6-2 试点配额拍卖

地区	时间	交易量（万吨）	价格（元/吨）	金额（万元）	定价规则
广东	2013 年	1112.3	60.00	66740.0	政府设定底价，60 元/吨
	2014 年	343.8	29.21	10041.5	阶梯底价，四次竞价底价分别为：25 元/吨、30 元/吨、35 元/吨、40 元/吨
	2015 年	60.0	15.55	933.0	不设底价，以市场前 3 个月平均价格的 80% 作为政策保留价
	2016 年	50.0	9.88	494.0	申报价格不设限制，以市场前 3 个月平均价格的 80% 作为政策保留价
	小计	1616.1	48.80	78843.0	—
湖北	2014 年 3 月	200.0	20.00	4000.0	政府设定底价，20 元/吨
深圳	2014 年 6 月	7.5	35.43	265.6	以截至 5 月 27 日的市场平均价格的一半为依据，设定拍卖底价为 35.43 元/吨
上海	2014 年 6 月	0.7	48.00	34.7	拍卖底价为竞买日前 30 个交易日市场加权平均价格的 1.2 倍，且不低于 46 元/吨
合计		1824.3	45.58	83143.3	—

（六）CCER 交易后来居上，发挥部分履约作用

为降低履约成本，七个试点均允许企业使用一定比例的 CCER 用于抵消排放，抵消比例为 5%～10%，并进一步对项目类型、时间

和地域等进行限制。虽然 CCER 于 2015 年初才开始上市交易，但市场供需两旺、交易活跃。截至 2016 年 12 月底，累计交易量达到 7933.96 万吨，约是地方配额四年累计交易量的 57%。CCER 交易活动相对集中于上海和广东，分别占交易总量的 45% 和 25%（见图 6-4）。试点各交易所未公布交易额、价格等信息，据调研，CCER 价格依项目类型、履约适用性以及区域而不同，价格区间为 1~30 元/吨，多数交易价格低于 10 元/吨。对 CCER 最大的需求来自试点履约，截至 2016 年履约期，各试点累计履约上缴 955.1 万吨 CCER，其中广东占比 46%。

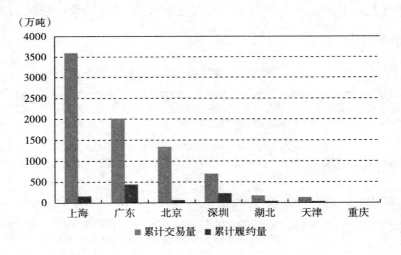

图 6-4　各试点 CCER 交易与履约情况

二、碳价形成影响因素分析

根据马歇尔均衡价格理论，碳价格形成也应由碳市场供求关系决定。一般而言，供给与需求受到多种因素影响。国内外学者多以较成熟的欧盟碳市场和清洁发展机制交易市场为研究对象，通过实证和量化分析后认为，碳价格受配额分配、宏观经济、能源价格、允许使用的减排量抵消、市场势力、市场信息对称和异常天气等因素影响。国内还有少数学者对近年试点碳市场的碳价影响因素进行了研究分析，认为中国区域碳价受汇率、国内外经济环境、国内外石油价格、短期市场不均衡、重大事件和内在趋势等因素影响，并且碳排放权价格对中国制造业采购经理人指数 PMI 存在一定影响。本书识别并总结了碳价形成的影响因素（见表 6 - 3），通过对试点碳市场四年运行和碳价格变化趋势的实证和定性分析，确定了碳交易试点的价格影响因素及其影响程度。

表 6 - 3　碳价影响因素识别

影响因素	描述
配额分配	政府的配额分配创造了碳市场的供需基础，是碳价形成的根本因素
宏观经济	在配额确定的情况下，经济形势是影响碳市场需求的关键因素。经济增长强劲造成能源消费增加，从而造成碳排放增长、配额需求量上升；经济低迷造成能源消费减少，配额需求下降
重大事件	国际、区域、国家和地方的气候和节能减排政策、政治事件等对碳价产生影响
减排成本	理论上碳价格是由配额供给和需求相互影响形成的均衡价格，是市场对社会平均成本的体现，碳价格曲线与社会平均减排成本曲线相重合
技术进步	影响实现总量目标的边际减排成本，从而影响碳价格
能源价格	碳排放主要源于对化石能源的消耗，企业对不同能源品种（煤炭、石油、天然气）需求的转换，导致了能源市场与碳市场之间存在传导机制。多数研究认为欧盟碳市场碳价变化与能源价格存在密切关系。能源价格还影响减排成本
抵消机制	允许履约主体在履约过程中使用项目减排量抵消企业一定比例的碳排放，抵消增加了市场供给，起到降低碳价的作用

续表

影响因素	描述
交易制度	场内外交易方式、交易规则、交易品种、交易成本均会对碳价的形成产生影响
信息对称	市场条件下应实现公平、公开交易，市场参与者的信息不对称将增加交易成本，影响价格发现
市场势力	规模较大的厂商、垄断厂商或机构投资者通过自身的买卖行为影响交易秩序和交易价格，控制价格走势，形成市场支配力。目的是实现利润最大化或通过价格阻止其他参与者进入市场
异常天气	寒冷或酷热天气都将影响采暖或制冷的能源需求，导致能源价格波动，从而影响碳价格
国际碳市场	碳资产之间本质上具有相似属性，各国家或区域碳市场存在一定的联动关系和信息传递过程，其价格之间可能具有相关性

（一）配额分配与管理

配额分配是碳交易制度的核心，为碳市场和碳价的形成提供了基本条件。四年来，试点碳市场运行显示配额总量、分配方法、拍卖定价、发放方式、调节措施等都对碳价产生了直接影响（见表 6-4）。

表 6-4　配额分配中影响碳价的若干因素

地区	配额总量（亿吨）	分配方法	拍卖定价	发放方式	调节措施
北京	0.55/年（估算）	历史法 基准法 行业先进值	无	逐年发放	10 个交易日加权平均价格高于 150 元或低于 20 元时，政府将进行配额拍卖或回购
天津	1.6/年（估算）	历史法 基准法	无	逐年发放	交易价格出现重大波动时可启动调控机制，通过向市场投放或回购配额等方式，稳定交易价格

续表

地区	配额总量（亿吨）		分配方法	拍卖定价	发放方式	调节措施
上海	约1.5/年（估算）		历史法 基准法	见表6-2	一次发放 三年配额	—
重庆	约1.3/年（估算）		—	无	逐年发放	—
广东	2013年	3.88	历史法 基准法	见表6-2	逐年发放	—
	2014年	4.08				
	2015年	3.86				
湖北	2014年	3.24	历史法 基准法	见表6-2	逐年发放	政府预留配额不超过碳排放配额总量的10%，用于市场调控和价格发现
	2015年	2.81				
深圳	2013年	0.332	基准法，有限理性重复博弈	见表6-2	逐年发放	价格平抑储备配额，来自政府预留的2%；回购配额不得高于当年配额量的10%
	2014年	0.3378				
	2015年	0.3478				

　　为了减少实施阻力，循序渐进开展总量控制和交易制度，试点地区初始设定的配额总量较宽松，七试点合计年度配额总量约12亿吨，覆盖了地方30%~60%的温室气体排放量。据保守估算，各试点年度配额供给大于需求1%~10%。2013—2016年，试点碳价年均下降率24%，印证了配额供大于求的基本面情况。配额分配方法对确定配额总量产生影响。有少数试点通过实行较严格的配额分配方法，如北京采用历史强度法中较大幅度的年度下降系数以及对新增产能实行高标准的行业先进值等方法进行分配，形成配额供给相对较紧缺的局面，碳价相对最高（四年平均37.3元/吨），下跌幅度较小（年均12.6%）。

　　配额有偿分配代表企业获得碳配额的成本，间接影响碳配额的价格。试点初期，广东和湖北采取政府制定配额拍卖底价的方式，对二级市场起到了很强的价格引导作用。如 2013 年至 2014 年 9 月底，广东制定拍卖底价 60 元/吨，其间二级市场平均价格为 57 元/吨；2014 年 9 月 26 日，主管部门将拍卖底价大幅降低至 25 元/吨，截至当年底，二级市场平均价格也降至约 26 元/吨；湖北拍卖底价为 20 元/吨，其二级市场 2014 年、2015 年均价维持在 23 ~ 24 元/吨。

除配额分配方式外，配额发放及其存储和借用方式也会影响企业每年履约和上缴配额的灵活度，从而影响配额交易的活跃度和价格形成。大部分试点采取配额年度发放、允许跨年存储但不允许借用的方式，个别试点采取一次性发放三年配额的方式。2016 年上海和湖北曾出现碳价格加速下跌情况，这些都与其配额发放和存储规则相关。

配额调节一般指政府为了维护市场稳定，根据市场配额供应量的富余或稀缺程度，向市场回购或投放配额的市场调控方式。北京、天津、深圳和湖北等试点对此进行了相关规定，北京公布了价格调控区间，对稳定和平抑碳价有较强的作用；湖北规定控排企业年度碳排放量与初始配额相差 20% 以上或者 20 万吨二氧化碳以上的，将对差额部分收缴或免费追加，以此间接调节市场配额的供需。

（二）抵消机制

抵消机制增加市场供给，起到降低碳价、减少控排企业履约成本并最终降低社会减排总成本的作用。由于试点碳市场配额分配总体宽松，各试点在允许使用抵消比例为 5% ~ 10% 的规定下又进一步对项目类型、时间和来源进行了限制，供应量从理论上的 1.2 亿吨/年降至

1100 万吨/年。CCER 是全国性市场，签发量较大，而需求集中在体量较小的七个试点市场，造成 CCER 本身价格不断下跌。自 2015 年 CCER 入市以来，加剧了试点配额市场的供需不平衡，导致配额价格进一步下跌。

（三）经济周期

宏观经济发展形势决定控排企业的实际排放量，进而决定对配额的需求，因此经济指数是影响碳排放权交易价格的重要因素。表 6－5 显示，2013 年以来各试点 GDP 增速明显放慢。经济下行、产能过剩、结构调整等致使试点地区纳入的控排企业生产下降、排放减少，造成原本就宽松的配额总量进一步过剩，加剧了碳价下跌趋势。

表 6－5　2013—2016 年各试点 GDP 增速（%）

地区	2013 年	2014 年	2015 年	2016 年
北京	7.7	7.3	6.9	6.7
天津	12.5	10.0	9.3	9.0
上海	7.7	7.0	6.9	6.8
重庆	12.3	10.9	11.0	10.7
广东	8.5	7.8	8.0	7.5
湖北	10.1	9.7	8.9	8.1
深圳	10.5	8.8	8.9	9.0

（四）交易制度

交易制度包括交易平台、交易方式、交易规则等组成部分。地域差异使七个试点规定了不同的交易制度，形成了七个独立、分割的市场和碳价格。但各试点的交易方式基本相同，分为场内公开挂牌交易和协议转让两类。两种方式形成的碳价也有较大差异，协议转让价格明显低于公开交易价格（见图6-5）。

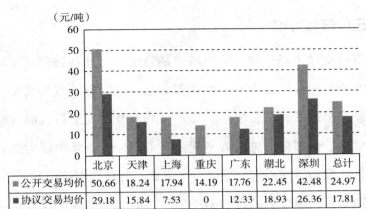

（元/吨）

	北京	天津	上海	重庆	广东	湖北	深圳	总计
▪公开交易均价	50.66	18.24	17.94	14.19	17.76	22.45	42.48	24.97
▪协议交易均价	29.18	15.84	7.53	0	12.33	18.93	26.36	17.81

图6-5　公开与协议交易均价对比

交易方式和规则还受到国发〔2011〕38号文（《国务院关于清理整顿各类交易场所切实防范金融风险的决定》）和国办发〔2012〕37号文（《国务院办公厅关于清理整顿各类交易场所的实施意见》）中，对于碳排放权等权益类标的物不能采取包括集合竞价、连续竞价、电子撮合等在内的集中交易方式方面的限制规定，因此只能采用非连续性交易、"T+5"等模式，这些交易规则客观上造成交易成本高、交易效率低的现象。此外，交易所众多、地方保护倾向，以及非连续交易机制等因素稀释了流动性，降低了市场主体的参与意愿，难以形成活跃有效、价格发现充分的碳交易市场。

为防范碳价格剧烈波动，七试点均设置了配额价格涨跌幅制度直接调控价格，一般为每日10%~30%。2015年6月，为遏制碳价暴跌的局势，上海将涨跌幅区间从30%调整为10%；2016年7月，为了稳定连续大幅下跌的碳价，湖北将跌幅下限从10%调至1%，涨幅上限维持 10% 不变。

（五）信息对称

与其他交易市场一样，碳市场应是公平、公开和透明的市场，而实现公平交易的前提是交易各方掌握的信息应对称。过去几年，试点地区在碳交易基本政策、规定、技术标准以及市场交易方面的信息披露基本完整，但部分信息披露不规范、不充分，主要表现为纳入企业排放数据、配额总量确定、配额分配方案、交易数据等信息的不透明。例如配额总量是碳市场供需的基本信息，但七个试点中仅有广东和湖北正式公布年度配额总量。缺乏官方披露的全面准确的碳市场基本信息增加了交易成本，降低了交易效率和交易主体的参与意愿，较大程度阻碍了碳市场的价格发现功能。

（六）能源价格

欧盟碳交易体系和美国 RGGI 覆盖的电力市场自由化程度高，受管制的电力企业对煤炭、天然气等不同发电燃料的选择对其排放配额的需求产生重要影响，进而影响碳市场价格。如欧盟碳市场第一阶段初期，煤炭价格下降、天然气价格上升，使电厂选择更多地使用煤炭，导致更多的二氧化碳排放，因此电力生产商对碳配额的需求增加，碳价格上涨。而我国碳交易试点期间，煤炭价格从 2012 年的顶峰到 2016 年下跌了 65%，与碳价趋势相同，不同于欧美碳市场情况。加之碳交易试点覆盖的电力等高排放行业燃料替代性较低，目前缺乏证据证明我国碳价与主要能源品种价格之间具有关联性。

（七）减排成本

理论上，碳价格是由配额供给和需求相互影响形成的均衡价格，等于企业的边际减排成本，实际成交价格将围绕此均衡价格上下波动。随着碳市场的推进，企业减排空间减小、减排成本提高，碳价格逐渐上升。根据近年国内减排成本研究结果（见表 6 - 6）可以看出，以不同减排目标和模型方法计算出的全国、地区或行业的边际减排成本区间为 38 ~ 2000 元/吨，最低点与试点市场早期碳价接近。总体来说，试点市场碳价格与边际减排成本研究结果差距较大，碳价尚无法反映社会减排成本。

表 6 - 6　边际减排成本研究回顾

研究名称	边际减排成本
崔连标等（2013），《碳排放交易对实现我国"十二五"减排目标的成本节约效应研究》	实现"十二五"减排目标下六省市碳交易均衡价格 70.6 元/吨
杨琳等（2014），《基于 CGE 模型的碳交易机制技术效应和减排效应研究》	低减排情景即 2015—2030 年相对基准情景每年减排 3%，2016 年碳价为 66.3 元/吨
杜立民（2015），《中国二氧化碳减排的潜力与成本——基于分省数据的研究》	实现 2020 年 40% 二氧化碳强度下降目标，全国减排成本 1673 元/吨
刘明磊、范英等（2011），《我国省级碳排放绩效评价及边际减排成本估计：基于非参数距离函数方法》	2005 年、2006 年和 2007 年全国二氧化碳平均影子价格分别为 1616 元/吨、1687 元/吨和 1915 元/吨
马丁、陈文颖（2015），《中国钢铁行业技术减排的协同效益分析》	钢铁行业减排二氧化碳的成本区间为 38 ~ 2288 元/吨
刘春梅等（2016），《碳交易下我国工业部门间碳减排成本研究》	BAU 情景下，2020 年电力、热力和石油加工等行业宏观减排成本 600 元/吨，黑色金属冶炼 1500 元/吨，化工 4600 元/吨，非金属矿物制品 2200 元/吨

续表

研究名称	边际减排成本
林美顺（2016），《中国城市化阶段的碳减排：经济成本与减排策略》	2013 年碳强度相对 2005 年下降27.6%，减排成本 581 元/吨
陈德湖等（2016），《中国二氧化碳的边际减排成本与区域差异研究》	2000—2012 年，在保证经济与环境协调发展前提下，全国平均每年可减少 8.28% 的碳排放量，影子价格为 1519.46 元/吨

（八）其他因素

1. 市场势力

试点市场某些时段曾出现个别拥有较多富余配额的控排企业抛售配额，形成了单寡头市场，造成市场价格急剧下跌，如上海和重庆等。

2. 国际碳市场

2013—2016 年，欧盟碳配额（EUA）现货价格大体在 4～8 欧元波动（折合人民币 30～60 元，后同），2015 年达到高点。美国 RGGI 配额区间为 2～7.5 美元（12～46 元），2015 年底达到高点；加州碳价区间 11～14 美元（62～87 元），2013 年初为高点。CER 价格 0.3～0.6 欧元（2～4.3 元），韩国碳价区间为 44～100 元人民币，2016 年中达到高点。中国试点市场与欧美等碳市场之间没有任何形式的连接，政策、社会经济环境迥异，覆盖范围差距大，虽然价格区间与试点有重合之处，但趋势走向完全不同，因此国际碳市场对试点碳价影响很小。

本章就以上各种因素对试点碳价格的影响程度进行了衡量和评估（见表 6-7），认为影响试点碳市场碳价格的强因素有配额分配、经济周期、抵消机制、交易机制、信息对称和市场势力等。其中经济周期是宏观经济的产物，与碳交易政策关系不强，其他强因素和中等影响因素皆为政府碳交易政策的产物，说明政策制定和政府调控在试点碳市场的价格形成过程中起重要作用。市场势力对个别试点碳价会产生较大影响，说明碳市场规模小、流动性低、脆弱度高，受操纵的风险大。弱因素包括减排成本和能源价格等，说明碳市场尚未实现充分竞争，价格发现不充分，不能反映社会减排成本。

表 6 - 7　试点碳市场价格影响因素衡量

影响因素种类		影响程度衡量		
		强	中	弱
配额分配	总量	◎		
	分配方法		◎	
	拍卖	◎		
	配额发放		◎	
	配额调节	◎		
经济周期		◎		
抵消机制		◎		
能源价格				◎
减排成本				◎
交易机制		◎		
信息对称		◎		
市场势力		◎		
国际碳市场				◎

三、试点碳市场碳价形成机制

作为一种市场形势，碳市场的正常运行需要有效的价格形成机制作为保障。碳价形成机制方面的研究文献并不多见，国外研究大都集

中在对相对成熟的 EU ETS 交易体系的实证研究，国内学者提出了基
于合作博弈的碳配额交易价格形成机制，以及包括碳排放权价格的决
策主体、形成方式以及调控方式等三方面内容的价格形成机制。本章
以后者为分析框架，在研究试点碳市场运行、识别和衡量碳价影响因
素的基础上，总结试点碳市场的碳价形成机制（见表 6 - 8）。

表 6 - 8　试点碳价格形成机制总结

项目	内容
碳价决策主体	混合定价机制，即结合市场、政府、中介机构等多方面力量的价格形成机制，政府起重要作用
碳价形式	分为一级和二级市场，地方配额和 CCER 在 7 个交易平台进行公开或协议交易。市场交易分散、价格分化、流动性低、竞争不充分，但价格走势基本反映了供求关系
碳价调控方式	直接调控：确定开市价格、配额价格日涨跌幅度 10% ~ 30%、设定拍卖底价等
	间接调控：调整配额总量、分配方法、规定 CCER 入市条件、拍卖或回购配额等

　　在碳排放权价格的决策主体，即价格管理权限方面，笔者认为试
点碳定价机制是一种混合定价机制，即结合市场、政府、中介机构等
多方面力量的价格形成机制，其中政府在试点碳市场的价格形成过程
中起重要作用。试点碳市场由政府设定开市价格和一级市场拍卖底价；
二级市场主要由控排企业、投资机构、个人以及中介机构等交易主体
报价和定价；市场波动大、供需失衡情况下，政府通过直接干预价格
和间接调节市场供需等方式参与市场定价。
　　一般来说，碳价格形式包括价格形成的方式、途径和机理。试点
碳市场的碳价由一级配额初始分配市场和二级自由交易市场组成。一

级市场配额分配以免费为主，有少量拍卖。碳价在七个独立运行的交易平台通过公开交易和协议交易两种方式形成。公开交易为非集中性、非连续性部分或整体竞价和定价交易，交易规模达到一定量可进行协议交易。交易品种主要为地方配额和 CCER 现货。虽然试点碳市场交易分散、价格分化、流动性低、竞争不充分，但价格走势基本反映了市场供求关系。

碳价调控主要指价格调控的对象、目标和措施。试点碳市场价格调控的对象是交易市场上的地方碳配额和 CCER，目的是维护碳市场价格稳定和健康发展。主要措施包括直接和间接调控：直接调控包括制定交易价格日涨跌幅度、设定拍卖底价等；间接调控包括调整配额总量和分配方法、规定 CCER 入市标准以及设立储备配额和配额回购等调节市场供需关系的措施。

四、结论与建议

基于以上对碳价格形成的研究和分析，笔者认为当前七省市碳交易试点形成了具有一定规模和活跃度的碳市场，碳价格形成基本反映了市场供需关系。政府采取直接和间接调控等措施干预市场，参与了碳定价过程。目前碳价偏低，并未体现边际社会减排成本，市场优化资源配置的作用尚未充分显现。

试点经验说明，政府制定的总量目标和配额分配不仅是碳交易政策能否实现环境目标的关键，也是碳市场健康、稳定运行的基础，因此对科学决策的要求更加突出。全国碳交易体系建设需要打好数据基础，提高数据质量，运用科学的理论和方法制定配额总量目标，合理地分配和管理配额，并利用配额调节措施进行动态调整。

在市场建设方面，应以建设公平、公正、公开、透明，碳价格能够反映边际社会减排成本的碳市场为目标，建立集中统一的交易平台和交易品种，改进交易规则，公开披露信息，保持政策连续性，加强市场监管，提高全社会参与度，减少政府直接干预，不断发挥市场作用，形成活跃有效、价格发现充分的碳市场。

参考文献

[1]李佐军.中国碳交易市场机制建设[M].北京:中央党校出版社,2014.

[2]郭文军.中国区域碳排放权价格影响因素的研究——基于自适应 Lasso 方法[J].中国人口·资源与环境,2015(5).

[3]王军锋,等.碳排放权交易市场碳配额价格关联机制研究——基于计量模型的关联分析[J].中国人口·资源与环境,2014(1).

[4]杨琳,等.基于 CGE 模型的碳交易机制技术效应和减排效应研究[J].中国人口·资源与环境,2014(24).

[5]谢晶晶,等.基于合作博弈的碳配额交易价格形成机制研究[J].管理评论,2016(2).

第七章[①]

对中国碳金融发展的思考

广义的碳金融是指为降低温室气体排放而进行的金融交易活动及相关制度安排，既包括碳排放权交易、相关衍生品交易及碳基金等碳金融产品，也包括低碳项目融资、低碳产业投资基金等低碳金融类机制。本章将碳金融范畴限定为用于参与碳排放配额、减排量、相关衍生品交易和碳基金等金融活动和资源，讨论国内碳交易试点市场带来的碳金融创新和存在的问题，提出利用金融手段提高我国碳市场资源配置水平、增强碳市场风险管理能力的中国碳金融发展方向。

---

① 作者：郑爽、王际杰、刘海燕。

一、碳金融概述

碳金融泛指服务于减少温室气体排放的金融制度和相关投融资活动，具体包括碳排放权及其衍生品的交易、机构投资者和风险投资介入的投融资活动以及商业银行提供的信贷服务和其他相关金融中介活动①。发展碳金融，有利于增加碳减排领域的融资和资金流，发挥资本市场优化资源配置、服务实体经济的功能，进而达到支持和促进实体经济向绿色低碳发展的目的。

2013年以来，随着我国试点碳市场启动，交易规模的扩大、交易品种的丰富、市场活跃度的提升，碳交易市场对券商等金融机构以及国家金融主管部门的吸引力不断上升。结合碳市场特征，试点地区交易所、金融机构等开发了一系列以排放配额、国家温室气体自愿减排量（CCER）等为标的的碳金融业务和碳金融产品，对支持控排企业

①　袁杜鹃，等. 碳金融：法律理论与实践［M］. 北京：法律出版社，2012：11.

低成本减排、履行控排义务、地方经济结构调整、向绿色化转型发展产生了积极的作用，也为未来全国碳市场碳金融发展提供了宝贵经验。试点期间开发实践的碳金融产品包括碳质押、碳抵押、配额回购、碳远期、掉期、碳债券、碳基金等类型（见表7-1）。

表7-1 碳交易试点主要碳金融产品①

碳金融产品	地点	参与方	融资规模
碳质押	湖北	兴业银行武汉分行与湖北宜化集团（2014年9月） 建设银行湖北省分行与华能武汉发电有限公司（2014年11月） 光大银行武汉分行与湖北金澳科技化工有限公司（2014年11月） 中国进出口银行湖北省分行与湖北宜化集团（2015年8月）	2014年：4.4亿元 2015年：1亿元
	上海	上海银行和上海宝碳新能源环保科技有限公司（2015年5月）	合计500万元
	深圳	深圳市富能新能源科技有限公司与广东南粤银行	5000万元
	重庆	重庆民丰化工公司与兴业银行重庆分行	5000万元
碳抵押	广东	华电新能源公司与浦发银行（2014年）	500万元
		四会市骏马水泥有限公司与四会市农商银行（2017年8月）	600万元
碳债券	深圳	发行方中广核风电有限公司，主承销商为浦发银行和国家开发银行（2014年5月）	10亿元
	湖北	华电、民生银行（2014年11月）	20亿元
碳基金	深圳	深圳嘉德瑞碳资产投资咨询有限公司（2014年10月）	5000万元
	湖北	诺安基金管理有限公司（2014年11月）	3000万元
	上海	海通资管、海通新能源和上海宝碳（2015年1月）	2亿元

① 根据作者对试点地区的调研情况整理。

续表

碳金融产品	地点	参与方	融资规模
配额回购	北京	中信证券与北京华远意通热力科技股份有限公司（2015 年 1 月）	1330 万元
		深圳招银国金投资有限公司、北京华远意通热力科技股份有限公司（2016 年 1 月）	1000 万元
		华璟碳资产管理公司、北京太铭基业投资咨询公司（2016 年 6 月）	6 万吨配额
	广东	控排企业与投资机构	520 万吨配额
	深圳	妈湾电力有限公司与英国石油公司进行跨境配额回购	400 万吨配额
碳远期	广东	投资机构与控排企业达成远期配额和 CCER 交易	230 万吨
	上海	配额期货合约，累计交易量421.08 万吨	1.51 亿元
	湖北	配额期货合约，累计交易量2.5 亿吨	60 亿元
掉期	北京	中信证券股份有限公司、北京京能源创碳资产管理有限公司（2015 年 6 月）	1 万吨配额
期权	北京	深圳招银国金投资公司、北京京能源创碳资产管理公司（2016 年 6 月）	2 万吨配额
	广东	广州守仁环境能源股份公司与壳牌能源中国有限公司（2017 年 1 月）	—

二、碳金融产品特征

碳交易试点地区的金融机构、碳交易咨询机构主要向重点排放单位、机构以及个人提供碳金融服务，特别为重点排放单位和机构提供融资以及与节能减碳项目相关的融资支持。在碳金融产品设计方面，借鉴了传统金融产品特征，在成本收益结构、风险分配机制等方面具有较高的相似度，但在标的物选取、估值方法等方面存在明显差异，并普遍规定了该类资金需定向投入碳市场与减碳项目等。此外，在中国人民银行等金融主管部门的指导下，金融机构与企业尝试开展了绿色债券等新兴绿色金融服务。以下具体分析碳金融产品的内容和特征。

（一）碳抵押与碳质押

碳抵押是指符合条件的碳配额或减排量所有人将其所有的碳配额或减排量作为抵押，向金融机构等进行贷款融资。根据调研，试点地区中只有广东进行了两笔配额抵押贷款业务。由于碳配额或减排量的轻资产性质，相关融资绝大部分采用质押方式。如湖北、上海、深圳、重庆等地尝试的都是地方配额或 CCER 质押贷款。碳质押是指碳配额或减排量的所有人将碳配额或减排量质押给质权人从而获得融资。虽然试点地区在地方法规或规章中没有明确碳配额等碳单位的法律性质，但通常会在地方规章或交易机构发布的文件中鼓励将地方配额等碳单位进行抵押或质押做担保融资，并规定详细的抵押、质押流程来明确和保证碳单位的财产权性质①。

（二）配额回购

配额回购是指配额或 CCER 持有者向金融机构或碳市场其他机构参与人出售配额或 CCER，并约定在一定期限后按照约定价格回购所售配额，从而获得资金融通。配额回购是一种融资方式，对融资方的

---

① 如深圳市在其《碳交易管理暂行办法》中明确规定了碳配额可以进行转让、质押，或者以其他合法方式取得收益，并规定了开展配额或者核证自愿减排量质押业务所需程序。深圳市发改委负责对质押双方提交的质押登记申请材料进行审核，并对注册登记簿系统中碳配额进行冻结和质押登记，出具质押登记证明，并在借款人结清信贷本息后，将质押的碳排放配额予以解冻。

选择比较灵活，不局限于金融机构。如广东省清远某水泥企业于 2015 年与投资机构签订了配额回购协议，交易配额 30 余万吨，为企业投资生产线节能减排改造提供了 470 万元的融资，占改造项目投资的 50% 以上。2016 年 3 月，深圳市完成首单跨境碳资产回购交易业务，深圳能源集团股份有限公司控股的妈湾电力有限公司和英国石油公司（BP）达成配额回购协议，交易配额 400 万吨，交易额达亿元人民币。深圳能源集团利用融资资金投入可再生能源的生产，有利于优化发电产业结构、构建低碳能源体系。

（三）远期交易

远期交易是指交易双方签署远期合约，约定在未来某一时期以确定价格就一定数量的碳排放配额或 CCER 进行交易。从 2016 年开始，湖北、上海和广东先后推出了以地方配额现货为标的的配额远期交易产品，其中以湖北市场最为活跃。截至 2018 年 7 月底，其累计交易量高达 2.5 亿吨配额，交易额约 60 亿元。上海配额远期累计交易量约 78 万吨，交易额约 2800 万元。广东省共实现远期碳配额和远期 CCER 交易超过 230 万吨。

（四）碳期权

碳期权是指以排放配额或项目减排量现货或期货为标的合约，合约持有人可以在某特定日前或时间以固定价格购进或售出排放配额等碳单位，包括看涨期权和看跌期权等。北京和广东分别于 2016 年和 2017 年各完成一笔基于地方排放配额的期权交易。

（五）掉期

掉期是指以排放配额等为标的物，双方以固定价格确定交易，并约定未来某个时间以当时的市场价格完成与固定价格对应的反向交易，最终只需对两次交易的差价进行现金结算。目前，试点地区中只有北京分别于 2015 年和 2016 年完成两笔场外配额掉期交易。

（六）碳债券

碳债券是指政府、企业为筹集低碳经济项目资金而向投资者发行的、承诺在一定时期支付利息和到期还本的债务凭证，特点是将碳资产收入与债券利率水平挂钩。碳债券利率采用"固定利率 + 浮动利率"的形式，其中，固定利率债券指在发行时规定的在整个偿还期内不变的利率。固定利率债券向息票持有人支付利息，并于到期日向债券持有人偿付本金。2014 年，中广核风电有限公司以所开发的 5 个 CCER 项目的收益为浮动利率根据，发行了规模为 10 亿元的中广核风电附加碳收益中期票据（碳债券）。该债券是信誉良好的 AAA 级债券，期限 5 年，固定利率为 5.65%。浮动利率的区间设定为 5BP 到 20BP，将根据中广核所开发的 5 个 CCER 项目的收益情况确定。湖北也于 2014 年发行了 20 亿元规模的碳债券。

（七）碳基金

碳基金是为参与减排项目或碳市场投资而设立的基金，主要开展标准化碳资产开发业务和碳排放权交易业务，投资对象为碳配额和 CCER。例如，2014 年 10 月，深圳嘉德瑞碳资产公司以 CCER 和深圳、广东、湖北三个市场的碳配额为投资对象，发行了规模共计 5000 万元的私募碳基金"嘉碳开元基金",该碳基金包含两款产品:一是嘉碳开元投资基金,规模为 4000 万元,运行期限为 3 年,用于开发中国核证减排量项目;二是嘉碳开元平衡基金,规模 1000 万元,以深圳、广东、湖北三个市场的碳配额为投资对象。

上述碳金融产品与服务在碳交易试点期间为支持企业节能减排、活跃碳市场起到了积极作用。大部分碳交易试点地区尝试了以碳配额和 CCER 现货为标的,通过抵押、质押、回购等业务模式达成交易,一方面盘活了重点排放单位的碳资产,为企业提供了节能减排融资资金,另一方面提升了碳现货市场的流动性,活跃了市场。另外,有些试点地区交易所开发了配额等碳单位的远期、期货、期权等金融衍生产品,为配额持有企业进行风险管理和机构投机提供了有力的工具。有些地区还尝试开发了碳债券、碳基金等碳金融产品,将碳资产的收益固化到债券、基金收益之中,降低节能减排领域的融资成本,实现了融资工具的创新。碳交易试点过程中,各地区在碳金融交易工具(远期、期货等)、融资工具(碳债券、碳质押、配额回购等)以及支持工具(碳指数、碳保险等)等领域的实践和创新为全国碳市场积累了宝贵经验。

三、碳金融发展存在的问题

各地区在开展碳金融业务方面仍处于探索阶段,对碳市场政策稳定性和连续性、碳配额属性、配额流动性等不确定性因素缺乏风险控制手段,难以丰富业务类型、扩大业务规模。另外,已开展的碳金融业务针对碳单位及碳市场运行特征的创新不足，业务可复制性较低，碳金融的发展还面临诸多问题。

（一）碳市场规模较小，交易品种与方式单一，市场活跃程度有限

目前，碳金融发展主要依附于碳交易试点地区形成的碳市场。从2013年碳交易试点启动运行以来，截至2018年7月底，七个试点碳市场排放配额现货交易量累计2.63亿吨，交易额约58.6亿元。相对于年度配额总量约12亿吨的碳市场，目前实现的累计交易量显示出市场活跃度还很有限。并且碳交易相对集中于履约期，碳市场价格形成机制并不完善。当前，我国碳市场交易的主要品种为配额现货，期货等碳金融衍生品难以推广。同时，所有碳交易均需在场内完成，未形成多层次碳市场。强制场内交易的管理模式在提升主管部门对碳市场控制能力的同时，也压缩了碳市场主体的运作空间，不利于交易机会的形成，为开展碳金融业务带来一定阻力。

（二）碳金融发育程度较低，金融机构、重点排放单位参与度不足

从表7-1可以看出，虽然各试点地区积极开展碳金融业务，形成了包括交易工具、融资工具和支持工具等金融工具在内的碳金融产品谱系，但有限的碳金融业务量和交易规模说明目前国内碳金融市场的发育程度还很低。受碳金融业务规模小、碳资产价值评估和风险管理较复杂、银行绩效考核不重视、全国碳市场预期不明朗等各方面的制约和因素影响，金融机构尤其是大型国有金融机构参与碳金融业务的

积极性不高。另外，重点排放企业的碳资产管理意识仍较为薄弱，能力普遍不足，造成碳金融市场各方参与度不足。

（三）碳交易政策法规体系不健全

碳交易政策法规建设事关碳市场制度要素设计与管理模式构建，对碳金融的广度与深度具有直接影响。当前，我国碳交易政策法规缺位现象凸显，推动碳交易上位法立法进程、出台碳市场顶层设计文件等是时下我国碳市场制度建设核心内容，碳金融等创新性业务受到的关注有限。在此情况下，我国碳金融业务普遍面临缺乏政策法规约束与保护的困境，碳单位产权归属、违约责任划分、财务处理等问题暂难解决。这不仅使已开展碳金融交易的相关方面临较高风险，也影响到风控要求严格的金融机构进入碳市场的可行性。

（四）碳市场监管体系尚不完备，监管执行力不足

碳金融的发展不仅需要碳交易法律法规作为制度基础，还需要政府对碳金融市场运行机制进行有效监管。当前，我国碳市场监管制度呈现"政出多门"的特点，发展改革委、证监会（局）等部门根据各自职责在碳交易监管中发挥着或大或小的作用，部门间监管思路与手段的差异、监管权限的差异以及存在的监管真空，影响了碳金融市场运行的规范性并产生各种不确定风险，降低了主体参与的积极性。此外，与碳市场规模及其参与者复杂程度相比，监管所投入的人力、物力不足，难以保证监管政策执行效果。

（五）碳交易政策连续性较差

碳市场具有较强的政策性特征，有关配额拍卖、CCER 准入等关

键规则的变更对碳市场供需关系及短期碳价格产生强烈冲击。从试点运行情况来看，部分试点政策调整幅度较大、频率相对较高，此举虽可在试点期尝试更多类型的政策，却不利于形成稳定的市场秩序，并将冲击短期市场价格、打击投资者信心，难以对政策变更效果形成全面的认识。在此情况下，碳期货等碳金融衍生交易模式缺乏制度基础，碳金融业务政策风险大幅上升。

（六）碳市场交易机制单一，供需关系失衡现象凸显

交易机制灵活性与碳单位供需管理合理性对市场规模、交易频率、价格波动等关键市场指标具有重要作用。当前，碳市场主要支持现货场内交易，碳期货等衍生品交易与场外交易模式难以推广，这就使即期与远期碳价格间缺乏关联，抑制了市场投机冲动并降低交易频率。同时，碳单位供过于求的市场现状使碳市场有效需求水平较低，买方力量薄弱，碳价格难以获得足够的支撑而出现持续下跌的走势，从而进一步降低了做市商入场的可能性。

（七）信息不对称问题突出，信息披露制度不健全

信息公开是碳交易市场各类主体参与交易的必须。但是碳市场信息披露机制建设尚不完善，政策信息，市场主体信息包括配额分配额度、排放量报告、核查、配额清缴，市场交易信息以及市场主体的社会信用信息等碳交易关键环节的信息不够公开、透明。市场主体与碳市场管理者之间存在信息不对称的问题，不利于碳市场参与者对短、中、长期市场情况形成稳定预期，对碳金融发展阻碍较大。

（八）碳金融产品创新能力有限，业务可复制性较差

受限于碳市场制度体系与市场环境，我国碳金融业务的盈利模式仍不清晰。相比于股票、债券等金融交易模式，碳金融产品在法律支持、收益率等方面处于劣势，导致机构投资者进行碳金融创新的能动性下降，使以逐利为主要目的的资本市场缺乏开展碳金融业务的动力，不成熟的商业模式使得该类业务的复制与推广难度较大。

四、中国碳金融发展建议

积极推动碳金融发展对完善碳交易体系制度设计、提高碳市场效率具有重要意义，能够为企业减排提供更广阔的策略选择空间。结合我国碳市场现状与国际碳市场经验，在设计与构建全国碳市场期间，我国碳金融发展应着重考虑以下几方面。

（一）完善法律法规体系建设

应坚持立法先行的原则，首先推动中央与地方层面的碳交易立法工作，构建碳交易和碳金融的政策法规体系，完善监管流程，减少交易风险，明确碳排放权法律属性，规范碳金融标准和业务实施细节，加快碳会计等管理细则的制定，为优化碳市场管理方式、促进碳金融业务开展提供法律支撑，为碳金融发展提供良好的市场环境。

（二）建立健全完善的政策和管理体系

碳金融的发展依赖于制度化程度较高、政策连续性特征较强的市场环境。在碳交易管理制度方面，机构改革后的生态环境部应充分利

用其作为碳交易主管部门的定位，明确其在碳市场设计、监管等领域的牵头、主导地位，理清各部门在碳市场中的权责，避免"政出多门"现象对碳市场产生的不利影响；同时，应妥善界定政府与市场的边界，进一步加强碳市场机制透明度建设，减轻政府行为对市场的影响，保证碳交易政策的连续性，给予市场主体更为清晰的政策预期。应立足我国国情，建立健全市场驱动和政府引导的双重激励约束机制，进一步发挥好环保、财税、担保等政策在绿色金融、碳金融发展中的积极作用，有序发展碳金融产品和衍生工具，回归碳金融为低碳发展服务的根本目的。

1. 加强碳排放权交易所建设与管理，区别管理碳现货及衍生品市场

碳金融业务的开展对碳价格形成机制、交易品种的多样性具有较高的要求。进一步扩大碳市场资本规模、丰富碳市场交易品种、提高市场流动性应成为建立全国碳市场的主要着眼点。作为碳交易行为的重要组织者，碳排放权交易所需利用其交易平台定位，充分发挥信息中介、吸引资金、引导投资等作用，提升其交易规模，通过建立更全面的交易规则强化对市场的管理能力，进而逐步引入机构投资者，发挥规模效应在碳定价、降低交易成本等方面的优势。在当前配额分配方法以免费法为主、配额缺口有限的情况下，国家碳交易主管部门应审慎决策碳排放权交易所数量，避免交易过于分散。同时，结合现货与期货管理差异性较大的特点，应分别建立现货与期货交易所，加强归口管理与监督。

2. 强化信息披露制度建设

应强化碳市场信息披露制度的建设，为各类市场主体提供全面、准确的政策、环境和交易活动等方面的信息，以实现碳市场的公平、公开和透明。碳交易主管部门和其他相关机构需要及时向社会公布政策和市场相关信息，内容应包括：①政策信息，即碳交易政策法规、规范性文件、指南标准、纳入温室气体种类、纳入行业、重点排放单位纳入标准、纳入单位名单、配额分配方法、配额总量及分省配额、碳交易政策定期评估报告等；②市场主体信息，即重点排放单位的配额分配额度、年度重点排放单位的排放和配额清缴、核查机构名录及其评估状况、国家确定的交易机构等；③市场交易信息，即配额及其他产品交易的信息与数据，包括交易行情、交易数据统计资料、交易所发布的与碳排放交易有关的公告等；④社会信用信息，即由社会信用信息共享平台发布的碳市场主体失信信用记录的相关信息等。

3. 建立碳市场信用管理体系，降低碳金融业务风险评估难度

为提升碳市场风险承受能力、降低碳金融业务风险，国家碳交易主管部门应建立碳市场信息管理体系。一方面，可通过建立信用管理系统，对企业在参与碳交易和碳金融过程中的违规、违法行为进行跟踪、记录，为后续业务的开展提供信用数据基础；另一方面，可尝试通过与金融、商务部门信用数据对接，交叉比对信用评级情况，提升碳信用的准确度，保证其对碳金融业务的指导性。

4. 结合碳金融产品风险水平与碳市场抗风险能力，有序推动碳金融业务的开展与创新

为维护碳市场秩序、保障碳市场投资者的合法权益，我国碳交易

主管部门应根据碳金融产品风险水平与碳市场整体抗风险能力，有选择性、分阶段地引入碳金融产品，利用试点模式先行先试，产生积极效果后再逐步推广，逐步提升我国碳市场金融化水平与碳金融创新能力，为与国际碳市场接轨做准备。

在交易模式方面，由于期货相对其他衍生交易模式风险性较低并具有锁定远期风险的重要作用，我国可尝试选取碳现货交易较为成熟的交易市场作为碳期货试点。其往往具有政策体系相对完善、碳排放数据相对可靠、管理相对严格、企业减排意识较高等优势，有助于为观察现货与期货市场关系提供较好的市场环境，并且企业接受更为复杂的交易品种的能力更强使其借鉴意义更大。

在碳金融产品开发与推广方面，国家碳交易主管部门可加大对金融机构参与碳市场的支持力度。一方面，可根据金融机构在碳交易、碳金融领域的参与情况，建立低碳金融机构推荐名单管理制度，促使金融机构间形成良性竞争关系，激发其进行碳金融业务创新，探索更为合适的碳金融盈利模式；另一方面，可尝试根据碳金融产品运行情况及所产生的环境效益，选取典型案例，协同证监会、银保监会等金融监管部门进行宣传与推广。

参考文献

[1]广东省应对气候变化研究中心.广东省碳排放权交易试点分析报告2016—2017[R].2017.

[2]中国人民银行,财政部,国家发展改革委,等.关于构建绿色金

融体系的指导意见[Z]. 2016 - 08.

[3]天大研究院课题组.构建中国绿色金融体系的战略研究[J].经济研究参考,2011(39):2 - 25.

[4]袁杜鹃,等.碳金融:法律理论与实践[M].北京:法律出版社,2012.

[5]广东省控排企业节能降碳投入两年提高25%[N].南方日报,2015 - 12 - 16.

[6]夏梓耀,等.京津冀碳金融市场建设的法制保障研究[J].华北金融,2018(3).

[7]綦久竑.中国碳金融市场的创新实践[J].当代金融家,2018(7).

[8]刘琦铀,等.广州构建碳金融市场的国际经验借鉴及实施路径选择[J].生态经济,2018(10).

[9]王宗鹏.国外碳金融发展及对我国的启示[J].经济研究导刊,2018(12).

第三篇

碳交易体系核查制度建设

七省市碳交易试点核查制度调查研究

　　在碳交易制度实施过程中，真实、准确的碳排放数据是碳交易政策的生命线和重要保障，因此，对企业提交的碳排放报告进行核查是提高数据质量，实现碳交易市场公平、公正和透明的重要监管手段和措施之一。我国七省市碳交易试点自 2013 年陆续启动以来，已逐渐完善了碳交易制度的各技术要素。在核查制度方面的实践经验主要包括以下三个方面：一是制定核查技术规范和标准，即对核查程序、核查内容、核查报告进行规定；二是对核查机构进行准入和管理，即制定核查机构的门槛标准、监管措施；三是对核查结果进行复查和相关管理。

---

　　① 原文发表于《中国经贸导刊》2017 年第 9 期，作者郑爽、刘海燕。

一、核查技术规范

各试点地区通常以规范性文件方式，对核查原则、目的、依据、流程、内容以及核查报告的编写等进行具体规定，制定核查报告、核查计划等文件模板，形成完整的核查技术规范体系（见表8-1），并呈现以下特点：

（一）核查技术规范和依据趋于一致

各地均要求第三方核查机构应以独立、公正和保密的原则，经过核查准备、实施和报告编写三个阶段进行核查工作。应采用文件评审和现场访问等方式对排放单位的基本情况、核算边界、方法、数据（活动水平、排放因子等）以及排放量等情况进行核查和交叉核对，经过内部复核后提交核查报告和结论。核查的目的是检查企业是否按照行业核算指南的要求监测和报告了排放数据，因此各地已颁布的排放核算指南是核查工作的基本技术依据。大部分试点地区发布了分行业的核算指南，只有深圳和重庆的核算指南没有细分行业。核算方法不区分行业会影响排放数据计算的准确性和科学性，进而影响核查结果质量。

（二）对监测计划的核查要求呈现差异

监测计划将核算方法落实到具体监测行动，包括监测范围、方式、频次、人员以及质量控制措施等，是企业进行排放核算的最重要基础，是核查机构进行核查的最重要依据之一。多数试点都规定了监测计划要求（但缺少模板，大多流于形式），有的地区还要求企业在监测期开始前向主管部门提交和备案监测计划。因此这些地区在核查规范中要求对企业实施监测计划的情况以及监测活动与备案计划的符合性进行核查，监测计划成为核查过程的重要组成部分。

（三）文件模板详细程度各异，是影响核查质量的潜在因素

核查报告是确认企业排放量的最重要依据，其编写质量反映了整体核查工作的科学性和可信度。北京和上海对核查报告的编写要求最详尽，北京还吸取历史数据核查过程中的经验教训，针对核查报告的编写制定了《北京市碳排放第三方核查报告编写指南》，对核查报告中每项内容都有统一详细的书写要求，使核查报告的编制实现了标准化，对提高核查质量产生了积极影响。另外，核查计划的重要性得到体现。核查计划的作用与企业进行排放核算制定的监测计划的作用相近，是核查工作的纲领，也是主管部门实施飞行检查等监管措施所需的必要信息。因此，上海、重庆、广东、湖北和深圳要求核查机构应对每个需核查的企业制定核查计划，规定了包括被核查企业情况、核查准则、核查小组构成、核查日程等内容的核查计划模板。

表 8−1　试点地区核查规范对比

地区	核查规范文件及技术依据	核查程序	核查主要内容
北京	《北京市碳排放报告第三方核查程序指南》《北京市碳排放第三方核查报告编写指南》《北京市企业（单位）二氧化碳排放核算与报告指南》	包括签订核查协议、核查准备、文件评审、现场访问、核查报告编制、内部技术复核、核查报告提交、核查记录保存等	企业设施边界及排放源识别　核算方法、数据与核算指南符合性，测量设备校准的符合性；排放量计算过程及结果　新增排放设施及既有设施退出的核查　监测计划
天津	《天津市企业碳排放核查指南》（未发布）《天津市企业碳排放报告编制指南（试行）》等行业核算指南	包括签订核查协议、成立核查工作组、制定核查计划、碳排放报告初审、现场核查、报告编制、内部审核、报告提交、文档管理等	企业基本情况　排放报告完整性、数据真实准确性　核算边界及排放源、核算方法、活动水平数据、排放因子、排放量计算　对申请第二批次配额发放、新增设施的核查　监测计划
上海	《上海市碳排放核查工作规则（试行）》及补充规定《上海市温室气体排放核算与报告指南（试行）》和各行业核算指南	包括成立核查小组、文件审核、制定核查计划、现场核查、评估和补充、编制核查报告、技术审查、提交核查报告、归档和保存等	排放边界与配额边界的一致性　活动水平数据、排放因子等相关参数收集和验证；业务量　核实管理办法中规定的需要复核的重大情况　监测计划
重庆	《重庆市企业碳排放核查工作规范（试行）》《重庆市工业企业碳排放核算和报告指南》	包括接受委托、核查准备、文件评审、现场核查、编制核查报告及内部评审、交付核查报告等	企业边界和排放边界的符合性　碳排放源识别的完整性　活动水平数据的准确性　排放因子选取的正确性　工程减排量的准确性　数据质量管理工作的规范性等

地区	核查规范文件及技术依据	核查程序	核查主要内容
广东	《广东省企业碳排放核查规范》《广东省企业二氧化碳排放信息报告指南通则》及行业核算指南《广东省企业碳排放信息报告与核查实施细则（试行）》	包括合同评审及受理、核查启动、现场核查实施、核查报告编制和核查的完成等	碳排放监测和报告的活动边界 排放源完整性的确认 活动数据、排放量、计算方法、排放因子选取与核算指南的符合性 数据质量管理系统的检查 碳排放结果是否存在重大偏差（5%） 、监测计划
湖北	《湖北省温室气体排放核查指南（试行）》《湖北省工业企业温室气体排放监测、量化和报告指南》	包括核查申请及合同签署、核查计划编写、核查实施、核查报告编写、内部技术评审以及核查报告的提交和审查等	活动水平数据及相关参数的记录、监测情况；数据和信息的完整性、一致性；排放量计算过程及结果 数据管理和质量系统 监测计划执行、下一年监测计划调整
深圳	《深圳市组织的温室气体排放核查规范及指南》《组织的温室气体排放量化和报告规范及指南》	包括核查策划，核查程序：文件审核、抽样计划、核查计划、现场核查，以及提交核查报告等过程	组织边界、排放源、量化方法、数据质量 数据完整性、一致性、准确性、保守性等 排放报告与核算指南、监测计划的符合性

二、核查机构的监督管理

对核查机构事前、事中和事后的监督管理是保障核查质量的重要环节。各试点有些通过出台专门的管理办法，有些通过碳交易管理办法或招标文件等对核查机构的管理做出规定要求，构成了以监管主体、监管对象和监管手段为主要内容的监管体系（见表8－2）。监管主体通常是地方发展改革委，只有深圳联合地方市场监管部门共同管理核查机构；监管对象是核查机构及其核查工作；监管手段是监管体系的核心，监管主体只有通过有效的管理手段才能实现保证核查质量的目标。

表8－2　试点地区核查机构管理对比

地区	文件依据	机构	服务模式	监管
北京	《北京市碳排放权交易核查机构管理办法（试行）》	35家467名核查员	历史数据和早期由政府购买2015年起由控排企业购买	北京市发展改革委核查机构每年6月30日前提交年度工作报告、现场检查、不定期抽查、社会监督、复查、通报、取消资格
天津	《天津市碳排放权交易管理暂行办法》《天津市碳排放权交易试点拟纳入企业初始碳核查工作招标公告》等	8家	政府购买	天津市发展改革委现场检查、复查
上海	《上海市碳排放核查第三方机构管理暂行办法》	10家	政府购买	上海市发展改革委现场检查、不定期抽查、复查、整改、罚款、取消资格、纳入信用记录、年度评估
重庆	《重庆市工业企业碳排放核算报告和核查细则（试行）》	10家	政府购买	重庆市发展改革委现场检查、不定期抽查、整改、公布违法违规信息、赔偿责任、停止核查业务、追究刑事责任
广东	《广东省碳排放信息报告与核查实施细则（试行）》《广东省重点企（事）业单位碳排放核查、盘查服务资格公开招标文件》等	35家	政府购买	广东省发展改革委核查报告评议、核查机构绩效评价、整改、通报、罚款、追究刑事责任、信用档案、黑名单

地区	文件依据	机构	服务模式	监管
湖北	《湖北省碳排放权管理和交易暂行办法》《湖北省发改委关于征选碳排放第三方核查机构的通知》等	8家	政府购买	湖北省发展改革委抽查审查、警告、罚款
深圳	《深圳市碳排放权交易管理暂行办法》《深圳市碳排放权交易核查机构及核查员管理暂行办法》	27家 517名核查员	历史数据核查,由政府购买 履约年核查,由企业购买	深圳市市场监管局、深圳市发展改革委 不定期检查、抽查、提交年度工作报告、违法违规记录、整改、信用管理、罚款、取消备案;不得连续三年委托同一核查机构、核查员

（一）事前监管

试点地区大部分采取核查机构备案制度，有的则采用招投标方式，严格选拔，要求申请机构在本地注册或设有分支机构，注册资金达到一定规模，具有在企业排放核查、减排项目核查、清单编制、节能量审核、方法学开发等方面的业绩，拥有一定数量的专业核查人员等。部分地区对核查机构要求分专业领域取得核查资质（北京、湖北、上海、广东）。北京、深圳和湖北还采取机构和核查员双备案方式加强管理。

（二）事中和事后监管

对核查机构的事中和事后监管方式主要包括现场检查、对核查报告进行复查、要求核查机构提交年度工作报告、年度评估、罚款、列入黑名单、纳入信用记录以及取消备案等。其中现场检查是指在收到核查机构的核查计划后，在不事先通知核查机构的情况下在核查实施当日直接到排放企业现场进行飞行检查；复查是指由专家或机构对核查报告进行第四方检查；年度评估是指主管机构通过建立评估核查机构业务表现的指标体系来定期对核查机构进行检查，根据评估结果可以对核查机构进行罚款、纳入黑名单或信用记录，甚至取消备案等。复查和年度评估是试点期间最常用的监管手段，其中复查被所有试点采用，广东和上海还对核查机构进行了制度化年度评估。

（三）服务模式

关于核查机构的服务模式，北京在后期、深圳在履约期阶段都采取市场化方式，由企业自行选取核查机构并支付核查费用。其他试点均采用政府采购、委托方式购买核查机构的服务。市场化方式减轻了政府财政负担，有利于竞争性市场的建立；但也存在弊端，如导致核查工作出现利益共同体、企业与核查机构合谋，以及恶性竞争压低价格等问题，损害了核查质量和碳交易制度的公信力。

三、复查的实施与管理

在当前我国控排企业报告水平和核查机构能力不足的情况下，所有试点地区为保证数据质量、提高数据可信度，又组织专家或机构对核查结果进行了复查。试点地区实施的复查工作可归纳为复查对象、主体、范围、内容和形式，以及管理等方面（见表8-3）。

表 8 – 3　试点地区复查管理对比

地区	复查范围	复查主体	管理部门
北京	专家文件评审 100%；对核查报告的完整性、规范性和数据合理性进行审核 书面评审发现问题、年度排放量波动较大，以及政府认为需要的，委托另外核查机构再核查，比例为 10%～30%	专家 核查机构	北京市发展改革委
天津	文件评审 100%；评审核查报告内容完整性、核查过程、核查报告与核查指南的符合性等 现场检查：从各核查包抽取 1 家企业，复查机构与核查机构一起核查 抽查：排放报告与核查报告的碳排放量差额超过 10% 或 10 万吨、年度碳排放量同比相差超过 20% 等。抽查比例约 10%，按照核查程序再核查	核查机构 2016 年起，为天津国际工程咨询公司	天津市发展改革委
上海	对排放报告与核查报告的碳排放量相差 10% 或者 10 万吨以上、核查业务量与报告业务量相差 10% 以上、年度碳排放量同比相差 20% 以上，以及企业对核查报告有异议的进行文件复核（约 30%） 在复核基础上抽查约 10%，按照核查程序再次核查	上海市信息中心。若是信息中心核查的企业，由其他核查机构复核	上海市发展改革委
重庆	排放报告与核查报告的碳排放量相差超过 10% 或者超过 1 万吨、对核查结论有异议的；综合考虑行业、地区、排放规模等抽取复查企业，比例为 10%～15%；按照核查程序再次核查	重庆市质量和标准化研究院	重庆市发展改革委
广东	专家文件评审 100%；对碳排放信息报告与核查报告的完整性和规范性、数据合理性进行评议 评审存在问题的企业进行现场复查；评审没有问题的企业进行随机抽查；合计比例约 20%	中山大学等 4 家核查机构	广东省发展改革委
湖北	文件评审 100%；对核算边界、核算方法、排放因子、排放量等进行评审 评审有问题的、企业对审查结果有异议的按核查规范进行现场抽查	核查机构	湖北省发展改革委
深圳	按照核查报告与排放报告的实质性偏差情况、管控单位风险等级情况等，进行抽样检查和重点检查，不低于 15%；2013—2015 年抽查和重点检查为 20%～30% 按照《抽查和重点检查主要工作流程及要求》复查	深圳市质量强市促进会	深圳市发展改革委、深圳市市场监管局

核查机构提交的核查报告和企业排放报告是复查对象。各地的复查主体不同，如北京、广东组织专家进行评审，深圳、重庆和天津由不参与核查工作的机构进行独立第四方复查，上海和湖北由核查机构相互交叉复查。在复查范围方面，北京、天津、广东和湖北对所有核查报告进行了以文件评审为主的复查，北京又委托核查机构对评审有问题、排放量波动大的排放单位进行再核查，天津则由第四方机构从每家核查机构抽取一家企业，一同进驻现场核查；深圳对管控单位总数 10%～30% 的核查报告进行了抽查和重点检查；上海和重庆则是对排放报告与核查报告相差明显、年度排放量同比差异大或者企业对核查结果有异议的部分核查报告进行了复查，复查比例为 10%～30%。

绝大多数试点都在履约前进行复查，根据核查报告、复查结果，通过与控排企业沟通等方式核定最终排放量来完成履约。深圳则在每年履约结束后进行复查，若复查结果对履约产生影响，将对企业的履约做相应调整。复查的主要内容是检查核查工作是否符合核查技术规范的要求，审核核查报告的完整性、规范性和数据合理性等。复查的形式包括书面审查和现场检查、抽查。复查费用均由试点地区财政承担。

四、总结及对全国碳市场的建议

试点地区对核查工作的各个环节制定和实施了不同形式的提高和保障质量的手段，形成了比较规范、科学和严谨的核查体系，在核查技术规范、核查机构管理以及对核查结果进行复查等方面为全国碳市场的建设提供了可借鉴的经验和教训。

首先，制定详细的核查技术规范是核查制度的基本前提，技术规范应以科学、合理的核算指南为主要依据，监测计划应被纳入行业核算指南和核查内容要求，以保证数据质量。深度规范核查报告和核查计划编写有助于提高核查质量。

其次，对核查机构和核查人员实行双重准入有助于加强对机构和人员的管理，从而达到提高核查质量的目的。对核查报告进行复查和对核查机构的定期评估是目前比较行之有效的事中和事后监管手段。

最后，核查服务需要充足的经费、人员和时间以保障核查工作和数据质量。

参考文献

[1]郑爽,等.全国七省市碳交易试点调查与研究[M].北京:中国经济出版社,2014.

[2]国家应对气候变化战略研究和国际合作中心碳市场管理部.2016中国碳市场报告[M].北京:中国环境出版社,2016.

欧盟、美国碳市场核查制度建设经验及启示

　　我国即将于 2017 年启动全国碳市场，在碳交易政策建立和实施过程中，真实、准确的排放数据是其最重要的基础和保障，对企业提交的排放报告进行第三方核查旨在保证数据质量，确立碳交易政策的公信力。欧盟碳市场（EUETS）、美国加州碳市场等都十分重视企业碳排放数据的质量。本章总结了两者的核查制度在政策法规、机构准入、技术规范、监督管理等方面的建设情况，及其对我国碳市场核查制度建设的启示。

---

① 　原文发表于《中国能源》2017 年第 11 期，作者郑爽、刘海燕。

一、欧盟经验

（一）核查制度法律体系

欧盟在实施排放贸易政策过程中注重法律法规建设，不仅颁布了欧盟层面的法律指令《建立欧盟温室气体排放配额交易体系指令》，还制定发布了具有很高法律效力、直接适用于欧盟所有法律主体的一系列条例及配套细则。在核查领域，欧盟颁布了《温室气体排放及吨公里报告核查与核查机构认证条例》（以下简称 AVR 条例），对核查规范、核查机构要求、认可规范、认可机构要求、信息共享机制等进行了规定，从而为欧盟排放交易体系下的核查活动提供进一步的法律和技术依据。该条例的配套政策还有《AVR 导则》《核查目标及范围》《核查报告》《航空业核查指南》等 14 份技术导则，对核查基本程序规范、现场核查的技术细节、核查机构的认证与管理、AVR 与已有的国际标准的关系等进行了更加详尽的规定。上述法律法规和技术导则明确了核查活动各个方面的具体规定和要求，构成了欧盟碳交易体系下完整、科学、严谨的核查制度体系（见表9-1）。

表9-1 欧盟核查制度政策法规

文件名称	主要内容	法律效力
《建立欧盟温室气体排放配额交易体系指令》（2003/87/EC）	第15部分核查及认可，要求各成员国确保企业报告按照要求进行核查，并明确将由欧盟委员会制定详细的核查条例。附件中对核查标准进行了简单规定，包括核查基本原则、核查主要方法等	指令
《温室气体排放及吨公里报告核查与核查机构认证条例》（AVR）（Regulation 600/2012）	包括7个部分78条，主要内容：①核查规范，包括核查可靠性、基本职责、核查程序等；②核查机构要求，包括持续能力、核查队伍、技术专家等；③认可规范，包括认可活动、管理措施等；④认可机构要求，包括国家认可机构、认可团队、认可员、同行互评、核查监督等；⑤有关信息共享机制的规定	条例
《制定关于产品销售的认证和市场监督要求以及废止条例（EEC）No 339/93》（Regulation 765/2008）	第2部分对认可机构的组织和运行进行了规定，包括认可的范围、基本原则，认可活动，国家认可机构的要求，认可评估等	
《AVR导则》	核查的基本原则、核查程序、核查机构要求、核查机构认可等内容	技术导则
《核查目标及范围》	核查目标、核查范围，以及如何处理监测计划可能出现的主要问题	
《核查机构风险分析》	核查机构对固有风险和控制风险进行识别、评估、量化和管理的具体步骤	
《过程分析》	核查机构在核查过程中进行过程分析的主要内容	
《抽样》	核查过程中抽样的具体要求，包括核查风险的确定、抽样方式和技术、统计抽样和非统计抽样等	
《现场访问》	核查过程中现场访问的具体要求和主要内容、风险评估、可省略现场访问的条件等	
《核查报告》	核查报告的主要内容、核查结论陈述的主要类型，以及航空业核查报告的特殊要求	
《能力要求》	核查机构、核查人员、欧盟碳市场核查员、主核查员、技术人员、复核人员的具体要求	

文件名称	主要内容	法律效力
《AVR 与 ISO 14065 的关系》	解释了 ISO 14065 标准对温室气体排放核查员、核查机构资质的要求，及其与 AVR 的关系	技术导则
《AVR 与 ISO/ IEC 17011 的关系》	解释了《欧盟认可法规 765/2008》、ISO/IEC 17011 标准对国家认可机构的要求，及其与 AVR 的关系	
《信息交换模板》	对 AVR 中核查机构、主管当局、认可机构等相关方之间的信息交流进行了细化，并规定模板	
《认证》	对计划开展认定自然人为核查机构的成员国，进行了认定的相关规定	
《核查时间分配》	提出了核查机构进行核查任务分配时需要考虑的要素，以及如何进行时间调整、调整的程序要求等	
《航空业核查指南》	航空业核查的有关细则，包括核查边界、核查程序、重点事项披露、风险评估、航空排放核查的特殊要求、核查员要求等	

（二）对核查机构的要求

欧盟排放贸易制度要求，排放设施报告的年度排放数据须由成员国认可的核查机构或认证的核查员进行核查，以保证数据的准确性和可信度。AVR 条例等文件规定，申请成为核查机构须具备符合要求的 EUETS 核查员、EUETS 主核查员、独立复查员、技术专家等专业人员，同时需具备核查领域的技术专长，具有内部持续培训和提高核查能力的机制等。合格的申请者可从各成员国的国家认可机构获得分核查专业领域的核查资质证书（有效期 5 年）。另外，欧盟还允许国家认可机构认证自然人成为核查员，此类核查员可独立进行核查活动。

国家认可机构通过文件评审、现场考察、年度监察、再评估、非常规评估、投诉程序等方式，确定、更新或终止核查机构的资质。同时，欧盟对国家认可机构及其对核查机构的评估和认可过程也做出了详细法律规定。国家认可机构须在 Regulation 765/2008、ISO 14065、ISO/IEC 17011 以及 AVR 条例框架下开展对核查机构的认可工作，并于每年年底向成员国的主管当局提交对核查机构开展监督和评估活动等的计划。

为了增强国家认可机构工作的信任度，建立欧盟境内统一的认可管理制度，欧盟通过同业评估的方式进一步对国家认可机构的认可工作进行监督和管理，具体由欧盟认可合作组织（EA）来建立统一的评估标准并实施独立的评估（见表9-2）。

表9-2 欧盟核查管理体系相关方职责

机构	资质条件/说明	职责
核查机构	具备认可的核查专业范围 具备持续胜任的核查能力，如建立核查及人员管理标准和制度 拥有核查队伍、独立复核人 建立核查程序 保持中立和独立	开展专业的核查活动，以合理保证排放报告没有实质性错误 对监测计划提出改进措施
国家认可机构（NAB）	拥有评估团队；评估人员须具备一定能力条件 具备评估能力 保持中立和独立 建立对所评估核查机构的争议解决机制	按照 AVR、ISO 14065、ISO/IEC 17011 中的规定标准对核查机构进行认证 建立公开的认证核查机构名单库 开展核查机构的年度审计 暂定或取消核查机构资质 每年向主管当局提交认证工作计划、管理报告
主管当局（CA）	成员国碳交易主管部门	通过排放报告了解核查机构情况 对不合规的核查机构开展调查 解决争议，向 NAB 质疑
欧盟认可合作组织（EA）	由各成员国政府认可的、NAB 的协会组织，非营利机构，成立于 1997 年。现有 36 个正式成员和 13 个联系成员	对 NAB 进行评估，包括年度检查、再评估、非常规评估和范围扩展评估等

资料来源：①AVR；②AVR Guidance Document；③Izmir, *Quality Assurance, Quality Control and Verification Country Case Studies*: *Germany*, PMR Regional MRV Training Workshop，2014

（三）核查技术规范

核查机构须遵循 AVR 条例规定的核查技术规范和程序开展专业的核查活动，以合理保证排放报告没有实质性错误。核查过程中，核查机构应评估的基本内容包括：排放报告的完整性以及是否符合《温室气体测量和报告》法规（MRR）的要求，报告主体是否按照在主管当局备案的监测计划实施了监测活动，排放报告中的数据是否存在实质性错误，以及与排放主体数据有关的活动信息、内部控制制度等。

欧盟核查程序要求核查机构在签订服务合同之前，需要对核查对象及自身是否能够承担该核查工作进行评估，然后进行策略分析、风险分析，编制核查计划，实施核查，进行独立审评，评估不确定性，编写核查报告，对被核查设施提出改进建议等。核查机构需要以文件审核和现场核查的方式对排放设施的数据、核算方法、监测计划的应用、缺失数据处理方法等进行核查和交叉核对，特定情况下经批准可简化核查，省略现场核查环节。对于核查的技术流程，欧盟以指南方式（见表 9-1）进行了具体规定，包括核查目标及范围、过程分析、抽样、现场访问、核查报告等，供核查机构参照执行。

需要强调的是，在欧盟碳交易体系中，监测计划是履约过程的重要组成部分。排放主体首先需要向主管部门提交排放的监测计划，该监测计划只有符合 MRR 要求，并且主管部门认为该排放主体将会据此执行时才会得到批准。排放主体须严格按照批准后的监测计划组织实施排放监测。因此，对监测计划的核查也是核查程序中的重要内容。

二、美国经验

目前，美国比较成规模的地方排放贸易体系分别是东北部（RG-GI）和加州排放贸易制度。RGGI 是针对发电部门的区域性二氧化碳总量与交易机制，其电厂发电机组的排放报告的依据是联邦法律规定，采用连续在线监测，其监测系统、设备和方法等都遵循相关规定并通过了主管当局的认证测试，被认为是精确度最高、数据质量最好的排放报告方式，因此只规定了由主管部门进行第二方审查，没有独立的第三方核查。而加州碳交易制度覆盖多个行业，建立了完整的核查制度，主要包括以下内容：

（一）建立规章制度

加州以其大气污染治理法律体系为基础，借鉴了 EUETS 等经验，制订出台了《加州温室气体排放总量与市场履约机制条例》，于 2013 年正式启动碳市场。加州排放贸易政策的主管部门是加州大气资源委员会（ARB）。在碳市场核查制度建设方面，ARB 制定了《温室气体强制报告条例》，其中包括了对第三方核查的技术规范、核查机构认可与管理等做出的法律规定。加州没有像欧盟那样制定专门的核查技术指南，而是将核查的有关要求纳入《报告通用指南》《排放数据报告指南》等排放报告方面的技术指南中，以进一步细化核查要求，如对生物质燃料等不同燃料类型数据的核查、对水泥等行业产量数据的核查、对可再生能源配额调整的核查等（见表 9-3）。

表 9 – 3　加州碳交易核查制度政策法规

文件名称	主要内容及有关核查的规定	法律效力
《加州温室气体排放总量与市场履约机制条例》	该条例共16个部分,对加州碳排放总量控制与交易机制进行了详细规定,其中第7部分规定了管制企业的责任,包括排放报告义务,所有企业报告的排放量、抵消项目相关数据都必须经过 ARB 认可的独立第三方的核查	条例
《温室气体强制报告条例》	该条例包括5个部分,其中第4部分规定了温室气体排放报告数据核查的有关要求,包括:对管制主体的核查要求,对核查机构开展核查的要求,对核查机构、主核查员的要求,利益冲突等	
《报告通用指南》	该指南对强制报告条例适用的主体、报告义务及中止、主体变更、报告与核查费用等进行了规定;解答有关报告、核查的主要问题	技术指南
《排放数据报告指南》	该指南具体规定了如何对生物质燃料、交通和天然气燃料、液化天然气、石油天然气、发电设备装机等的有关数据进行报告、核查,以及保证数据准确性、处理缺失数据的具体要求	
《产量数据报告指南》	该指南主要解释与产量有关的术语、北美工业分类系统代码和一般报告的要求、准确性与标准化要求,以及对产量数据核查的具体要求。提供了水泥、氢产品、石油天然气、炼油、番茄加工等具体行业的产量报告与核查指南	
《可再生能源配额调整的报告与核查指南》	该指南对核查机构开展电力企业可再生能源配额调整核查的要求进行了规定	

(二) 加强机构/人员的准入与监督

相对于欧盟,加州对核查机构和核查员的准入更加严格,即对机构和人员同时进行认可和认证管理,并与 ISO 14065 和 ISO 14066 的相关要求保持一致。对于核查机构要求是:具有 2 名以上经认证的主核查员,全职人员不少于 5 人,有 400 万美元的专业责任保险,拥有内部防范利益冲突的机制和技术培训程序,每次认可有效期为 3 年。主核查员与核查员需要满足相关要求，并通过 ARB 批准的培训和考试后方可获得认证。核查员满两年并至少完成 3 次核查任务后，可申请成为主核查员。此外，对特定行业和减排项目核查员的认证还有进一步的专业要求。截至 2017 年 5 月，ARB 共认可核查机构 32 家，认证核查员 200 多名，其中 90% 以上为主核查员。

加州非常重视事前监管，除了对核查机构和核查员采取认证准入，还特别要求核查机构在开展每项核查业务之前，必须向 ARB 执行官提交潜在利益冲突评估和开展该项核查工作的详细申请说明，得到书面批准后方可进行核查。利益冲突等级定为高、中、低三级，只有当执行官认定该机构的利益冲突评估等级为"低"时才能开展核查活动。之后，主管部门对利益冲突情况还会进行持续监测。

ARB 每年对每家核查机构及其核查员进行审查，并对同一行业中多种设施由不同核查机构进行的核查进行审查，以保证不同核查机构核查工作的一致性。审查发现的问题或建议会通知核查机构。在核查机构和核查员申请更新认可和认证时，ARB 还会对其之前的工作进行绩效评审。

（三）核查技术规范

加州碳市场核查规范包括制定核查计划、现场访问、制定采样计划、核查数据和核算方法的符合性、交叉核对数据、独立技术评估和编写核查报告等。核查机构应组建由主核查员带队的核查小组实施核查活动，并且在对电力、石油产品、生物燃料、天然气供应、石油化工、油气系统以及水泥、玻璃、石灰、造纸、钢铁等行业进行核查时，必须有至少 1 名认证过的行业或工艺过程排放的专业核查员参加。核查报告需要按照统一规定的《核查报告模板》编写。

　　加州规定在每个履约周期（2~3年）的第一年必须对排放报告进行涵盖以上所有程序的"完整核查"。在上年度核查结论为肯定，并且排放数据、企业信息等不存在表9-4中的情况时，经主管部门批准后可以进行简化的"不完全核查"，即只进行文件核查和数据核对，不进行现场访问。

表9-4　不得进行简化核查的情况

类别	情况描述
排放数据	对2011年碳排放数据的核查 如果排放量较上年度变化超过25%
核查报告	上年度核查报告中有关于排放数据或产品数据的不利陈述
企业	上年度管制企业的所有人发生变化
核查机构	核查机构变更

三、结论及启示

　　欧盟和美国通过立法、制定技术细则和多种监管手段建立了规范、科学和严谨的核查制度体系，实施各项措施保证和提高核查工作质量，为我国碳市场核查制度的建设提供了有益的经验和启示。

（一）注重法规建设

　　欧盟和美国加州排放贸易体系下对确立核查制度都进行了立法，且相关文件法律效力高；欧盟还针对核查条例配套制定了14个详细导则，使核查工作有法可依、有章可循、强制力高。我国即将启动全国碳市场，应加快建立和完善碳市场相关法律、制度要素的顶层设计，在碳交易制度立法基础上，建立核查制度，并尽可能提高其法律位阶，保证有效实施。

（二） 实施严格监管

欧盟和美国对核查机构/核查员制定严格准入条件，并对其进行事中和事后监管，以此保障核查工作质量，提高数据可信度，从而维护碳市场的公平和公正。相对于欧盟和美国，我国即将建立的碳市场规模更大，对数据报告和核查的质量要求也更高。在我国排放数据基础薄弱、核查机构能力水平参差不齐的情况下，更须严格核查机构和核查员的准入，并采取各项手段加强对核查机构及其核查过程的监督，以提高数据质量，增强碳交易政策的公信力。

（三） 科学规范核查过程

制定详细的核查技术规范是核查制度的基本前提。欧盟和美国都建立了较为系统、规范、具有可操作性的技术规范要求体系。欧盟针对核查的过程分析、抽样、现场访问、核查报告等具体技术问题出台了相关技术规范，并强调对排放主体是否按照在主管部门备案的监测计划实施监测进行核查。美国则具体到分行业、分数据类型制定核查规范。我国碳市场覆盖排放主体多、企业间差距较大，应在制定通用核查规范基础上，进一步细化分行业核查技术指南，并建立详细的核查报告模板，以提高核查质量。

参考文献

[1]郑爽,刘海燕. 全国碳交易体系下核查制度研究[J]. 中国能源,2017(8):22 –25.

[2]欧盟《温室气体排放及吨公里报告核查与核查机构认证条例》[COMMISSION REGULATION（EU）No 600/2012 of 21 June 2012 on the verification of greenhouse gas emission reports and tonne – kilometre reports and the accreditation of verifiers pursuant to Directive 2003/87/EC of the European Parliament and of the Council]及其配套指南[Z].

[3]加州《温室气体强制报告条例》及其配套指南[Z].

[4]杨抒,余洪斌. 美国加州碳排放权交易经验借鉴[J]. 认证技术,2013(9):40 –45.

第十章①

全国碳交易体系下核查制度设计

真实、准确的数据是碳交易政策的生命线。对企业提交的排放报告进行第三方核查的根本目的就是提高数据质量，确立碳交易政策的公信力。基于对核查制度的理论和国内外实践分析和研究，笔者提出了全国碳市场核查制度的体系框架，包括核查技术规范、核查机构管理以及复查管理三项内容，以及国家、地方主管部门、核查机构、企业等相关主体。

---

① 原文《全国碳交易体系下核查制度研究》发表于《中国能源》2017 年第 8 期，作者郑爽、刘海燕。

一、全国碳市场核查制度的建设

　　碳交易制度是高度量化的气候治理政策，它以总量目标制定和配额分配为核心，通过配额交易以最小成本实现量化环境目标。因此，真实、准确的数据是碳交易政策的生命线。数据的准确性是总量目标制定和配额分配的基础，是碳交易政策实现环境目标的保障，是碳资产权益认定的前提。对企业提交的排放报告进行第三方核查的根本目的就是提高数据质量，确立碳交易政策的公信力，因此建立核查制度是实现碳交易市场公平、公正和透明的核心手段和监管措施之一。

　　通过深度调查分析七省市碳交易试点和发达国家碳交易体系实施情况，可以将核查制度的建设和实施分为三个部分：

　　第一，制定核查技术规范和标准，即对核查原则、目的、依据、流程、内容以及核查报告的编写等进行具体规定，并制定核查报告、核查计划等文件模板，形成完整的核查技术规范体系。

　　第二，对核查机构进行准入和管理，即对核查机构进行事前、事中和事后的监督管理，这是保障核查质量的重要环节。

第三，对核查结果进行复查和相关管理。碳交易政策是新生事物，在控排企业报告水平和核查机构能力不足的情况下，国内碳交易试点地区为保证数据质量、提高数据可信度，须组织专家或机构对核查结果进行复查。

全国碳交易体系下核查制度建设是一项系统工程，包括政策制定、技术规范和软硬件设施等。笔者在理论和实证研究的基础上，勾勒出全国碳交易体系下核查制度的框架，确定了核查技术规范、核查机构管理、复查管理等要素内容，以及国家、地方主管部门、核查机构、企业等相关主体，并提出政策建议。

二、核查技术规范

国家应制定全国统一的核查技术规范，作为第三方核查机构对企业排放报告进行核查的根本依据。国家发改委已发布的《全国碳排放权交易第三方核查参考指南》（以下简称《参考指南》），对适用范围、核查原则、程序、内容、核查报告编写等做出了较详细的规定，是全国碳市场核查技术规范的基础，需要在以下方面对其加以完善：

（一）明确核查的总体目标和目的

核查工作是碳交易政策及其实施的一个重要环节，核查的根本目的是以独立、公正、客观、科学的角度，对企业排放报告是否存在实质性错误进行审核，合理保障排放数据的准确度和真实性。技术规范中须以文字体现核查的目的。

（二）明确核查的政策和技术依据

核查技术规范是碳交易政策下的产物，需要以相关的法律文件或部门规章作为依据。在技术层面，国家已颁布的涉及碳交易体系覆盖范围的各行业核算指南，以及分行业补充数据表格，是实施核查工作的基本技术依据。目前行业核算指南存在一些缺陷，包括各指南之间公式表达不统一、精确度要求各异、排放因子选取方法混乱、缺乏对监测计划的具体要求和模板，以及分行业补充数据表格缺乏方法支撑等基本问题，造成地方在报送 2013—2015 年历史数据时遇到较大困难，影响了数据质量。

因此，应首先建立各行业核算指南和补充数据表格的应用、反馈及完善机制，对行业指南和补充数据表格中的方法缺陷及应用中的问题进行修正，这是从源头解决数据质量问题的首要步骤。在修改完善过程中，应对补充数据表格的边界识别、计算方法等根本缺陷进行弥补并融入行业核算指南，形成完整的、适合碳交易体系实施的企业排放核算方法。

（三）强化监测计划要求

历史数据的报告是过去式，不需要监测计划。但对于履约年的排放，监测计划是企业监测和计算其排放量的重要基础，排放报告质量很大程度取决于是否有监测计划以及监测计划的有效执行。鉴于国内企业监测和报告能力普遍欠缺，建议在核算指南中对监测计划做出详尽要求，并提供分行业监测计划模板。下一年度监测计划应在核查上一年度排放数据时由核查机构进行审定，然后向主管部门备案，不应随便变更监测计划，即使变更也需要进行说明和报告。在核查阶段，对监测计划是否被有效、合规地执行应作为核查的重要内容和依据。

（四）进一步细化文件格式

核查工作的过程、结果以及核查的质量是通过书面报告呈现的。全国核查机构众多，水平参差不齐，完成的核查报告篇幅和质量差异显著。为进一步规范核查工作、提高核查质量、培养核查机构的能力，有必要对核查规范中两个重要文件（核查报告和核查计划）做出尽可能详细具体的要求。建议进一步修改完善《参考指南》中核查报告的格式，参考北京和上海好的做法，在报告格式中深度细化编写各项内容的要求，做出行业区分、规定数据表格格式等，指导核查机构通过报告的编写提高核查质量。另外，核查计划对于核查机构、排放报告企业和主管部门都具有重要作用，因此应做出统一规定并提供标准格式。

综上所述，完善全国碳交易体系下的核查技术规范的步骤包括：第一，修改完善行业核算指南；第二，修改完善《参考指南》，发布适合全国碳交易体系履约时期的第三方核查指南，附录配以详尽的核查报告格式和编写说明以及核查计划格式等；第三，通过信息技术手段，将核算和核查的规范和方法要求转化为统一的电子化数据报送至核查系统中，便于企业、核查机构和主管部门使用。

三、核查机构管理

核查机构对碳交易政策的有效运行起到重要作用，应对其实行严格管理，主要内容包括资质和准入要求、监管手段、监管部门、规定商业服务模式等。

对核查机构和核查员的资质准入是国际通行做法。就碳市场规模来说，欧盟和加州都远小于中国，但其对事前管理都非常重视，通过专门立法等手段对核查机构和核查员进行培训、评估、考试、认可和认证等，以保障碳市场的公正、公平和公信力。对即将成为全球最大的碳市场的中国来说，对核查机构的准入是维护市场严肃性的重要步骤。

2014 年底国家发展改革委发布的《碳排放权交易管理暂行办法》（以下简称《暂行办法》）难以对核查机构实行行政许可，但仍可以通过部门规章等形式对全国碳交易体系下的核查机构和核查员资质进行要求。为准备全国碳市场，国家发展改革委于 2016 年初发布了《全国碳排放权交易第三方核查机构及人员参考条件》，各省市在此基础上根据自身实际情况制定了地方遴选核查机构和人员的标准，公开征选了总数近 300 家核查机构进行 2013—2015 年历史数据核查。这些机构包括具有国家自愿减排项目核查核证机构资质的 12 家机构及其地方分支，以及占绝大多数的质量认证、节能量核查、工程咨询和环境咨询的地方机构，构成了未来全国碳市场核查机构的基础。

若按全国碳市场覆盖 7000 家企业，每家核查机构核查 20 ~ 25 家企业估算，全国 300 家核查机构基本能够满足需求。但现有核查机构中有相当数量能力不足，核查质量不高，甚至包括试点地区的机构。国家可以在根据企业情况先行评估核查所需业务量、摸查地方已有的核查机构与核查员资质现状基础上，确定满足全国碳市场的核查机构总数量，制定出全国统一的机构与核查员准入标准。地方主管部门根据该标准具体确定机构和核查员，进行双重备案管理。若难以实行备案管理，至少应通过推荐名单等方式在事前严格控制核查机构及核查员的准入。

如果不制定和实施对核查工作和核查机构的监管措施，就无法提高核查质量和碳交易制度的公信力。国家主管部门应制定统一的核查机构监管措施，并由地方主管部门负责具体实施。针对核查机构的事中、事后监管手段包括：对核查报告进行复查，对核查工作进行飞行检查、电话核实、现场鉴定，要求核查机构提交年度工作报告，对核查机构进行年度评估，公开评估结果，对违规行为采取黑名单、罚款、纳入信用记录等处罚方式。

核查机构的服务模式和收费水平对核查服务的质量可能产生潜在影响。政府采购可以比较好地解决市场化竞争产生的核查机构可能与企业共谋等缺陷，是近期的合理选择，但长期下去可能成为政府的财政负担。长远趋势应以市场化服务为方向，通过核查费用由第三方账户管理等方式解决核查机构可能与企业产生利益关联等问题。除此之外，无论政府采购还是市场化服务，核查费用都需要维持一定标准，核查服务也需要充分的时间执行。试点期间以及全国历史数据核查过程中，核查费用低、急速核查等都对数据质量带来了隐患。

此外，应依据《暂行办法》对监管部门实行国家和省级碳交易主管部门分级纵向管理。国家层面负责制定核查技术规范、信息化技术手段、核查机构的管理办法（包括资质准入、事中和事后监管措施等），省级和地方层面负责按照国家统一标准要求对核查机构及其核查工作进行监管，并向国家主管部门进行年度汇报。

四、复查管理

中国数据基础薄弱、企业能力欠缺造成数据报送质量不高，核查机构能力不足造成核查质量不高，因此要求全国核查制度中必须纳入复查环节，通过复查提高和保障数据质量，这同时也是政府主管部门监管核查机构的一个重要手段。复查制度包括复查对象、范围、形式、主体、技术规范和管理等方面。复查制度是监督核查工作和核查机构的手段，不应作为核查指南的内容，须单独制定。

（一）复查对象与范围

主管部门首先须确定是否对全国所有的核查报告（排放报告）进行复查。如果是复查所有报告，所需要的资源、时间和人力必然巨大，在条件允许下可以实行。若难以进行全面复查，就需要根据排放报告情况制定若干原则来确定复查范围。例如：①排放量优先原则，即对年度排放大于×万吨的企业，需全面复查其排放报告，对其余报告进行一定比例抽查，或者对所有排放报告中占前×%的报告均需复查等；②地域优先原则，即对排放量排名前×名的省（区、市）或数据报送和核查质量低的地区进行全面复查，对其余地区进行一定比例抽查；③行业优先原则，即对排放量大或数据报送和核查难度大的行业需要全面复查，对其他行业进行一定比例抽查；④排放差异优先原则，即对排放报告与核查报告之间或不同年度之间排放量差异大的报告需要全面复查；⑤机构优先原则，即对较落后的核查机构的核查报告进行全面复查，对其他机构进行一定比例抽查。以上原则可交叉应用，通过不同组合进行复查，其核心目标是共同的，即提高和保障主体数据质量。

（二）复查形式与主体

复查形式主要包括文件评审、现场抽查重点事项以及按照核查规范重新进行核查等三类。应以文件审评为主，对审评有问题、排放量大、波动明显、工艺复杂的再进行现场抽查等深度检查。实施复查的主体及其形式通常有三类：核查机构之间进行交叉复查、独立专家复查、由不参与核查工作的独立机构进行复查。

交叉复查有利于检查核查机构之间核查的一致性、可比性，但可能存在利益冲突问题，因此核查机构之间的复查应有独立专家参与。专家复查应以小组形式进行，在避免利益冲突的前提下由清单专家、行业专家、核查员以及主管部门代表组成复查组实施复查。如果是由不参与核查工作的独立机构进行复查，该机构需要具备足够的专业能力和独立性，以确保复查的效果及公正性。考虑到复查工作比较繁杂、工作量大，三种复查形式和三类复查主体可以结合使用。

（三）复查规范

复查规范包括上述两个方面以及复查的内容。复查内容与复查形式密切相关。如果是文件评审，应对核查报告的完整性、规范性、数据合理性、与核查技术规范的符合性、核查机构之间的一致性等进行审查，并做出复查结论。如果是再核查，则是按照核查指南再进行一次包括文件审评和现场核查等程序在内的完整核查。无论是进行文件评审，还是再核查，都需要国家对复查规范制定统一标准及报告格式。

（四）复查管理

在当前企业排放报告和核查质量不令人满意的情况下，复查应在履约前实施，以复查结论作为核定排放量的重要依据之一。核查与复查需要充分时间，因此履约期可以安排到每年第三季度。在碳市场逐渐成熟后，可考虑履约完成后进行复查。

复查工作任务繁重、工作量大，需要国家和地方两个层面共同承担。国家应在充分理解和分析历史数据报送、核查结果以及核查机构现状的基础上，制定统一的复查原则、范围、形式、主体以及复查内容规范，地方负责具体实施并承担复查费用。

五、核查制度框架

综上所述，全国碳交易体系下核查制度应包括核查规范、核查机构管理以及复查管理三个方面。涉及主体包括国家碳交易主管部门、地方碳交易主管部门、核查机构以及受管制的企业。图 10 - 1 概括了核查制度的主要内容和相关主体的责任和重点工作，建议作为全国碳交易体系下核查工作的制度框架。

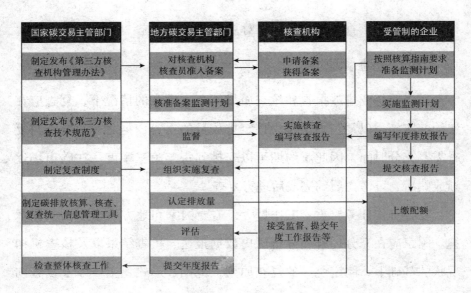

图 10 – 1　全国核查制度框架

参考文献

[1]宋然平,杨抒,等.建立企业能源与温室气体统计和管理体系[D].世界资源研究所工作论文,2012.

[2]王振阳,张丽欣.典型工业企业碳排放核查与认证关键技术研究与示范[J].质量与认证,2014(1).

[3]白卫国,王健夫,等.国际碳核查政策制度调查研究[J].工程研究——跨学科视野中的工程,2016(6).

[4]曹明德,崔金星.欧盟、德国温室气体监测统计报告制度立法经验及政策建议[J].武汉理工大学学报(社会科学版),2012(4).

[5]汪军.中国 MRV 体系现状[Z].

第四篇

碳交易体系监管机制设计

第十一章[①]

碳交易试点监管制度综述

碳交易监管制度是保障碳市场顺利运行，确保碳市场公信力、严肃性的重要制度之一。全国七省市碳交易试点在碳市场建设运行过程中，结合碳交易工作实际，通过树立监管规则、完善管理体制、严格执法等具体措施，逐步加强对重点排放单位、核查机构以及市场交易的监管，基本形成了监管主体明确、监管对象全覆盖、监管措施和手段多样的碳交易监管制度。

---

① 作者：刘海燕、郑爽。

一、管理体制

管理体制是保障碳交易监管制度实施的重要基础，根据试点运行的实践经验，主要包括监管规则、监管机构、监管对象、对政府部门的监管等内容（见表 11 - 1）。

（一）监管规则

由于碳排放交易制度本身是一项系统复杂的制度，监管往往贯穿于各个技术环节并体现于重点领域，如对重点排放单位的监管、对核查机构的监管、对交易的监管等，涉及的监管对象较多、内容复杂。因此，各试点均未制定专门的碳市场监管制度，一般通过地方人大决定、碳交易管理办法、政府规范性文件、交易所文件等政策法规的部分条款，针对具体领域工作，来配套明确有关监管主体、监管内容、监管措施、法律责任等内容。

（二）监管机构

碳交易试点的碳市场监管主体一般均为地方发展改革部门，由其统筹负责碳排放总量控制、配额管理、碳排放报告与核查、履约、交易等工作的综合协调、组织实施和监督管理。由于碳市场的运行涉及不同行业、不同性质的重点排放单位，行业主管部门的监管配合显得十分重要。因此，各试点在明确主管部门监管主体责任同时，将有关行业部门如工信、建设、国资、金融、财政、统计、市场监管和证监等部门纳入监管配合部门，并要求做好行业相关监管工作。例如，上海由于将交通、建筑、港口等重点企业被纳入交易体系，所以要求建设交通、商务、交通港口、旅游等部门配合；湖北、重庆要求物价部门配合；深圳市由于将建筑和交通行业纳入监管，所以直接明确市住房建设、交通运输等部门负责本行业碳排放交易的管理、监督检查与行政处罚。

（三）监管对象

试点一般将重点排放单位、第三方核查机构、交易机构、其他市场参与主体等在碳市场的相关行为纳入监管范围。对重点排放单位主要监管其履约行为，对第三方核查机构主要监管其资质、核查活动等，对交易机构主要监管其交易管理行为，对其他市场参与主体主要监管其交易行为等。

（四）对政府部门的监管

为进一步加强对监管者的监管，试点地区同时将发展改革等管理部门及其工作人员纳入监管。当有关行政管理人员在碳交易管理过程中存在滥用职权、玩忽职守，利用职务便利牟取不正当利益，泄露有关单位和个人的商业秘密等情况时，监管机构将依照国家有关规定采取给予行政处分、依法承担赔偿责任、依法追究法律责任等监管措施。

表 11 - 1　碳交易试点监管体制

要素	构成	监管内容	监管措施
监管规则	人大决定、管理办法、政府规范文件、交易所文件	—	—
监管机构	地方发展改革部门 工信、建设、国资、金融、财政、统计、市场监管和证监等行业部门 节能监察大队（执法）	管理部门及其工作人员是否存在滥用职权、玩忽职守、牟取不正当利益、泄露商业秘密等	行政处分、依法承担赔偿责任、依法追究法律责任等
监管对象	重点排放单位	报告义务 接受核查义务 履约责任	警告、限期整改、通报、扣除配额、取消各类优惠政策、罚款等
	核查机构	核查机构资质	招投标、备案
		核查员资质	备案（北京、深圳、湖北）
		核查业务合规性	年度评估、罚款、黑名单、复查、纳入信用记录以及取消备案等
	交易机构	履行交易机构义务，建立风险控制制度	限期改正、警告、罚款、依法承担赔偿责任、依法承担刑事责任等
	交易主体	是否存在违规操纵交易价格、扰乱市场秩序、给其他交易主体造成经济损失等行为	限期改正、警告、罚款、依法承担赔偿责任、依法承担刑事责任等
		交易所禁止的重点监控行为	警示、谈话、要求提交书面承诺、限制账户交易等
	其他	交易价格	配额回购或拍卖

二、重点排放单位监管

重点排放单位是碳市场的重要参与者，也是直接承担履约责任的主体。因此，对重点排放单位的监管，尤其是碳配额履约监管，直接关系到碳交易制度的严肃性和政府公信力。

（一）履约责任

重点排放单位在碳市场中承担的责任和义务主要包括两个方面：按要求提交碳排放报告和核查报告，以及按要求提交配额履约。七试点均将重点排放单位是否履行报告义务、是否按时提交核查报告或配合核查、是否按时履约等行为纳入监管范围。监管的内容包括：虚报、瞒报碳排放数据，拒绝履行碳排放报告义务；核查工作时提供虚假、不实的文件资料，或者隐瞒重要信息；无理抗拒、阻碍第三方机构开展核查工作；逾期未报送第三方核查报告；与核查机构相互串通虚构或者捏造数据；未按时、足额提交配额履约等。天津、湖北还将重点排放单位是否提交监测计划纳入监管处罚范围。

（二）监管措施

对重点排放单位的两类履约责任，试点一般区别对待，采取的监管措施有警告、限期整改、通报、取消各类优惠政策、罚款等。其中，天津和重庆的管理办法法律位阶较低，主要采取行政处罚方式，没有罚款。比如，天津的处罚措施主要包括限期改正、取消 3 年内享受融资服务和申请国家节能减排扶持政策和项目等；重庆采取的监管措施有通报、3 年内不得享受节能减排财政补助与评先评优、纳入国有企业领导班子绩效考核评价体系等。除天津和重庆外，其余试点对于重点排放单位的不同履约责任均制定了不同的监管措施，具体如下：

1. 报告和核查责任监管

对于未按规定履行碳排放报告义务或接受核查的重点排放单位，

试点采取的主要监管措施有限期整改和罚款，个别试点有扣除配额、取消政策资格等。试点对于限期完成整改的重点排放单位，可免予进一步处罚；对于逾期仍未改正的，将采取罚款等进一步措施。其中，北京按照从轻、一般、从重三类实施处罚，上限为 5 万元；上海、广东对违反报告责任的罚款上限为 3 万元，对违反核查责任的罚款上限为 5 万元；湖北对违反报告责任的罚款上限为 3 万元；深圳重点监管数据造假，对造假数据与实际碳排放量的差额处以配额均价 3 倍的罚款。

2. 履约责任监管

对未按时履约的重点排放单位，试点采取的主要监管措施为限期改正、罚款、扣除配额等。试点对于限期完成整改的重点排放单位，可免予进一步处罚；对于逾期仍未改正的，将采取罚款等进一步措施。其中，北京按照配额市场均价的 3~5 倍对超出部分予以罚款；上海处 5 万元以上 10 万元以下罚款；湖北对差额部分处以 1 倍以上 3 倍以下，但最高不超过 15 万元的罚款，并在下一年度配额分配中予以双倍扣除；广东在下一年度配额中扣除未足额清缴部分 2 倍配额，并处 5 万元罚款；深圳扣除未足额清缴部分，并对差额部分处配额平均价格 3 倍罚款。

除以罚款为主要监管措施外，上海还规定对未履行碳排放报告义务、不配合核查、未履行配额清缴的重点排放单位，可纳入信用记录，取消其享受节能减排专项资金支持、节能减排先进评比资格，不予受理其新建固定资产项目节能评估报告书等处罚措施；深圳还规定对拒绝提交碳排放报告或不足额履约的重点排放单位，将纳入信用记录，取消其现有财政资金资助且五年内不再批准等。

三、核查机构监管

核查机构是碳市场中确保重点排放单位数据质量的重要一环，碳交易试点地区对核查机构的监管内容主要包括资质监管和业务监管两个方面，监管主体通常是地方发展改革委，只有深圳联合地方市场监管部门共同管理核查机构。

（一）核查资质监管

试点地区大部分采取核查机构备案制度，有的则采用招投标方式，严格选拔，要求申请机构在本地注册或设有分支机构，注册资金达到一定规模，具有在企业排放核查、减排项目核查、清单编制、节能量审核、方法学开发等方面的业绩，拥有一定数量的专业核查人员等。部分地区对核查机构要求分专业领域取得核查资质（北京、湖北、上海、广东）。北京、深圳和湖北①还采取机构和核查员双备案方式加强管理。

（二）核查业务监管

试点对核查机构的业务监管措施包括现场检查、对核查报告进行复查、要求核查机构提交年度工作报告、年度评估、罚款、黑名单、纳入信用记录以及取消备案等方式。其中，复查和年度评估是试点期

---

① 湖北对核查员备案有文件要求，但未公布备案核查员。

间最常用的监管手段，复查被所有试点采用，广东和上海还对核查机构进行了制度化年度评估。试点的复查主体、范围等方面存在一定差别。比如，北京、广东组织专家进行评审，深圳①、重庆和天津由不参与核查工作的机构进行独立第四方复查，上海和湖北由核查机构之间交叉复查。

（三）深圳市监管案例

抽查和重点检查核查报告是深圳对核查业务监管的重要手段。深圳规定主管部门随机抽取不少于 10% 的管控单位，对其核查报告进行抽样检查；同时对风险等级高的核查报告进行重点检查。2017 年 12 月，深圳抽样和重点检查 178 家重点排放单位的 2016 年度碳排放核查报告，覆盖全部 24 家核查机构；结果有 20 份报告被评价为"不合格"，占比 11.2%，其中实质性偏差不合格 13 份；深圳对检查结果进行了通报，公开了涉及的单位、核查机构和主要问题，并对有关核查机构做出相应处罚决定。

四、交易监管

（一）交易所监管

试点在其制定的碳交易管理办法中，均对交易所进行了监管规定，天津、湖北和深圳同时将交易主体纳入主管部门的监管范围，北京、天津将交易工作人员纳入监管范围。

---

① 深圳由市发展改革委委托深圳质量强市促进会组织专家评审。

1. 交易所责任

在交易所监管上，试点要求交易机构履行的职责包括：为碳交易提供交易场所、交易设施、资金结算等服务；制定交易规则，明确交易参与人的条件和权利义务、交易程序、交易信息管理、交易行为监管、异常情况处理、纠纷处理、交易费用等内容。其中，交易所应重点进行交易信息管理，公布交易价格、交易量，及时披露可能导致市场重大变动的相关信息；建立交易风险管理制度，对交易活动进行风险控制和监督管理。

2. 监管措施

对于不履行职责、存在违规行为的交易机构，试点采取的监管措施包括责令限期改正、警告、罚款、依法承担赔偿责任、依法承担刑事责任等。与监管重点排放单位不同，试点对交易机构的限期整改并不免除对其的处罚责任。上海、湖北、广东、深圳还明确了罚款的具体依据，处罚上限为 5 万 ~ 15 万元。例如，上海、广东对未按照规定公布交易信息、未建立并执行风险管理制度等情况处以 1 万元以上 5 万元以下罚款；湖北对有违法所得的，没收违法所得，并处违法所得 1 倍以上 3 倍以下，但最高不超过 15 万元的罚款，没有违法所得的，处以 1 万元以上 5 万元以下的罚款；深圳对交易所未建立风险监督控制制度、不履行报告义务、未按照规定的收费标准进行收费的处 5 万元或 10 万元罚款。

（二）交易主体监管

天津、湖北和深圳试点一般将交易主体违规操纵交易价格、扰乱市场秩序、给其他交易主体造成经济损失以及构成犯罪等的行为纳入监管；监管措施包括责令限期改正、警告、罚款、依法承担赔偿责任、依法承担刑事责任等。其中，湖北和深圳明确了处罚金额，深圳还细化了具体违法行为。湖北对交易主体通过操纵供求和发布虚假信息等方式扰乱碳排放权交易市场秩序的行为，有违法所得的，处违法所得1倍以上3倍以下，但最高不超过15万元的罚款；没有违法所得的，处1万元以上5万元以下的罚款。深圳对交易主体交易已经注销的配额或者核证自愿减排量、交易非法取得的配额或者核证自愿减排量等具体行为进行监管，要求返还不当得利，并处10万元以下罚款。

（三）日常交易与风险监管

1. 监管内容

试点交易机构承担了交易的日常监管工作，重点监管异常交易行为，包括：可能对交易价格产生重大影响的信息披露前，大量或持续买入或卖出相关碳排放权的行为；单个或两个以上固定的或涉嫌关联的交易账户之间，大量或频繁进行反向交易的行为；单个或两个以上固定的或涉嫌关联的交易账户，大笔申报、连续申报、密集申报或申报价格明显偏离该碳排放权行情揭示的最新成交价的行为；频繁申报和撤销申报，或大额申报后撤销申报，以影响交易价格或误导其他投资者的行为；在交易平台进行虚假或其他扰乱市场秩序的申报等。

2. 监管措施

由于交易规则的法律效力有限，交易所采取的监管措施主要是防范风险控制类的措施，具体包括事前和事后控制两个方面：①通过建立诚信保证金制度、监督检查制度、交易纠纷解决制度、最大持仓量限制制度、风险警示制度、涨跌幅限制制度、自然人准入制度等风险控制制度，对交易风险进行事前控制；②采取口头或书面警示、约见谈话、要求提交书面承诺、限制相关账户交易等措施，对出现异常交易行为的主体进行事后监管。

（四）交易价格监管

为维护碳交易市场秩序，避免市场价格过度波动，北京、湖北和天津以配额回购和拍卖为调控手段，建立了碳市场价格监管机制。

北京制定了《北京市碳排放权交易公开市场操作管理办法（试行）》，当配额的日加权平均价格连续 10 个交易日高于 150 元/吨时，主管部门可组织临时拍卖；当配额日加权平均价格连续 10 个交易日低于 20 元/吨时，主管部门可组织配额回购。北京市发展改革委、金融局和应对气候变化研究中心分别是公开市场操作的具体组织协调、监督和回购机构。

湖北规定政府预留一般不超过碳排放配额总量 10% 的配额，用于市场调控和价格发现。其中，用于价格发现的不超过政府预留配额的 30%。价格发现采用公开竞价的方式，竞价收益用于支持企业碳减排、碳市场调控、碳交易市场建设等。湖北制定了《湖北省碳排放配额投放和回购管理办法（试行）》，建立多部门联合咨询委员会参与决策机制，当市场出现连续 20 个交易日内有 6 个交易日配额收盘价达到日议价区间最高价（或最低价），或市场供求关系严重失衡，流动性、连续性不足等情况即可触发市场调控措施。

参考文献

[1]郑爽.全国碳交易体系监管制度研究[J].中国能源,2018(11).

[2]郑爽,刘海燕.七省市碳交易试点核查制度研究[J].中国经贸导刊,2017(9).

[3]国家气候战略中心.2016中国碳市场报告[M].北京:中国环境出版社.2016.

[4]北京市人大常委会.关于北京市在严格控制碳排放总量前提下开展碳排放权交易试点工作的决定[Z].2013.

[5]深圳市人大常委会.深圳经济特区碳排放管理若干规定[Z].2012.

[6]北京市人民政府.北京市碳排放权交易管理办法(试行)[Z].2014.

[7]天津市人民政府办公厅.天津市碳排放权交易管理暂行办法[Z].2018.

[8]上海市人民政府.上海市碳排放管理试行办法[Z].2013.

[9]重庆市人民政府.重庆市碳排放权交易管理暂行办法[Z].2014.

[10]广东省人民政府.广东省碳排放管理试行办法[Z].2014.

[11]湖北省人民政府.湖北省碳排放权管理和交易暂行办法[Z].2014.

[12]深圳市人民政府.深圳市碳排放权交易管理暂行办法[Z].2014.

[13]深圳市发改委,等.2016年度碳排放报告及核查报告抽样检查和重点检查结果通报[Z].2018.

[14]北京环境交易所.北京环境交易所碳排放权交易规则(试行)[Z].2015.

[15]北京市发改委,北京市金融工作局.北京市碳排放权交易公开市场操作管理办法(试行)[Z].2014.

[16]湖北省发改委.湖北省碳排放配额投放和回购管理办法(试行)[Z].2015.

[17]北京市发改委.北京市碳排放权交易核查机构管理办法(试行)[Z].2017.

[18]北京环境交易所.北京环境交易所碳排放权交易风险控制管理办法(试行)[Z].2017.

[19]上海市发展和改革委员会.上海市碳排放核查第三方机构管理暂行办法[Z].2014.

[20]上海环境能源交易所.上海环境能源交易所碳排放交易规则[Z].2013.

[21]上海环境能源交易所.上海环境能源交易所碳排放交易风险控制管理办法(试行)[Z].2013.

[22]重庆市发改委.重庆市工业企业碳排放核算报告和核查细则(试行)[Z].2014.

[23]重庆联合产权交易所.重庆联合产权交易所碳排放交易细则(试行)[Z].2014.

[24]重庆联合产权交易所.重庆联合产权交易所碳排放交易风险管理办法(试行)[Z].2014.

[25]湖北碳排放权交易中心.湖北碳排放权交易中心碳排放权交易规则(试行)[Z].2017.

[26]广东省发改委.广东省企业碳排放信息报告与核查实施细则

（试行）[Z].2014.

　　[27]广州碳排放权交易所.广州碳排放权交易所(中心)碳排放权交易规则[Z].2017.

　　[28]广州碳排放权交易所.广州碳排放权交易中心碳排放权交易风险控制管理细则[Z].2017.

　　[29]深圳市市场监管局,等.深圳市碳排放权交易核查机构及核查员管理暂行办法 [Z].2014.

　　[30]深圳排放权交易所.深圳排放权交易所现货交易规则(暂行)[Z].2013.

　　[31]深圳排放权交易所.深圳排放权交易所风险控制管理细则(暂行)[Z].2014.

　　[32]深圳排放权交易所.深圳排放权交易所违规违约处理实施细则(暂行)[Z].2014.

第十二章①

碳市场监管国际经验

欧盟和美国加州在碳市场监管方面，通过建立规则，完善管理体制，加强对企业遵约、核查机构、市场交易等方面的监管，建立了较为严格的监管制度；同时，欧盟和美国加州对公开碳市场的碳排放数据、配额履约信息等十分重视，以建立和完善碳市场信息披露为主要措施，进一步确保碳市场的公开和透明，也为碳市场监管提供了有力保障。

---

① 作者：刘海燕。

一、欧盟碳市场监管经验

（一）管理体制

1. 欧盟层面

欧盟委员会作为碳市场的主要管理机构，主要负责制定碳市场的法律法规，监督运行，接收各成员国的履约及报告信息，定期向欧洲议会提交碳市场报告，并统一对注册登记系统进行管理等工作。欧盟要求成员国每年向欧盟委员会提交碳交易指令执行的进展报告，侧重配额分配、登记簿运行、MRV、履约等。欧盟委员会在此基础上每年发布一份总体执行报告。

2. 成员国层面

欧盟要求成员国建立碳市场的属地管理机制，各个成员国制定配套的法律及实施细则，指定或授权一个或多个主管部门负责国家内部的碳交易管理并与欧盟层面对接。据统计①，2018 年每个成员国的主管部门数量平均为 5 个，包括国家和地方主管部门；成员国内一般通过立法由国家主管部门建立集中统一的管理（有 13 个国家实行），如对监测计划和排放报告进行管理等，或是由国家主管部门建立一套规范和指南，由地方主管部门进行管理（有 9 个国家实行）；此外，成员国还通过定期组织工作会议、公用信息管理平台等方式加强主管部门间沟通协调。

3. 德国管理案例

以德国为例②，德国环保部（BMU）负责国家层面碳市场的实施，2004 年成立了德国排放交易局（DEHSt）作为国家主管部门统一负责具体工作，包括配额拍卖、批准监测计划③、评估审查排放报告、辅助核查机构开展工作、管理注册登记簿中的国家账户、履约管理、违约处罚、完成国家报告等；德国下属的各州负责配额分配、参与批准监测计划等。

（二）对重点排放单位监管

欧盟在其碳交易指令④中要求成员国制定切实可行的处罚制度，以保证该指令的实施，当管制设施以及航空主体未在 4 月 30 日前足额

---

① EC. Report on the functioning of the European carbon market 2018.

② DEHSt 网站；DEHSt. The German emissions trading authority as a virtual organization ［Z］. 2015。

③ 欧盟碳市场第三期后，监测计划的审批权限由各州政府的授权机构移交到 DEHSt，参见 DEHSt. Guidance for preparing monitoring plans and emission reports for stationary installations in 3rd trading period in Germany ［R］. 2017.

④ Directive 2003/87/EC.

提交碳排放配额履约的，将被处以每吨 100 欧元的罚款，同时需要在第二年补交配额。欧盟还规定该罚款金额自 2013 年 1 月起，将随着欧盟的消费价格指数增长，如 2017 年每吨罚款增长为 104.06 欧元①。当存在管制航空主体违反指令且无法采取处罚措施的情况时，成员国可以直接向欧盟申请强制执行。

在 2018 年的履约过程中，约 1% 的管制设施未按时履约，占欧盟碳市场总排放量的 0.4%；9 个成员国共计对 30 个未履约的管制设施进行了处罚；航空部门未履约的排放量约占行业排放的 2%，被处罚的航空主体 61 个②。

（三）核查机构监管

欧盟对核查机构实行认可制度。申请者须具备符合要求的 EUETS 核查员、EUETS 主核查员、独立复查员、技术专家等专业人员，同时需具备核查领域的技术专长、具有内部持续培训和提高核查能力的机制等。合格的申请者可从各成员国的国家认可机构，获得分核查专业领域的核查资质证书（有效期 5 年）。国家认可机构通过文件评审、现场考察、年度监察、再评估、非常规评估、投诉程序等方式，确定、更新或终止核查机构的资质。同时，欧盟对国家认可机构及其对核查机构的评估和认可过程也做出了详细法律规定；国家认可机构须在《Regulation 765/2008》、ISO14065、ISO/IEC17011 以及 AVR 框架下来开展对核查机构的认可工作，并于每年底将对核查机构开展的监督和

---

① DEHSt 网站：emissions trading – Sanctioning.
② EC. Report on the functioning of the European carbon market 2018.

评估活动等计划向成员国的管理当局提交；欧盟还规定由欧盟认可合作组织（EA）通过同业评估方式进一步对国家认可机构的认可工作进行监督和管理。

（四）交易监管

欧盟碳市场的配额产品包括期货、远期、期权等品种，受欧盟金融市场法律监管。2018 年实行的《金融市场工具指令 II》（MiFID2）继续将碳配额作为金融工具纳入监管范围，具体由欧盟证券及市场管理局（ESMA）和各国主管部门负责。指令要求成员国加强立法等措施确保主管部门可以对违反该指令的行为进行处罚[1]。鉴于 MiFID2 对碳配额作为金融工具的认定，其他金融市场法规也将对此适用，包括《市场滥用指令》（MAD）、《反洗钱指令》（Anti - MLD）、《透明度指令》（TD）、资本金要求指令（CRD）和投资者补偿计划指令（ICSR）以及有关场外交易的一些规定。此外，碳市场还受到能源商品监管体系《能源市场诚信与透明度规则》（REMIT）的监管。这些规则对碳配额提出了与衍生品市场同等的透明度、投资者保护以及市场统一性等监管要求[2]。

（五）信息披露与公众监督

欧盟十分重视碳市场信息披露，在其碳交易指令中规定了相关方在信息获取、保密等方面的权利（见表 12 - 1）。欧盟要求管理当局应及时披露所有与配额分配和配额数量相关的，以及与排放量的

---

[1] Directive 2014/65/EU of the European parliament and of the council.
[2] EC. Report on the functioning of the European carbon market ［R］. 2017：29 - 30.

核算报告和核查（MRV）相关的决定及报告等，并要求管理当局遵照《公众获取环境信息指令》，对相关信息进行公开披露，尤其重视配额总量、免费配额分配总量、排放总量等关键信息的披露（见表 12-2）。欧盟对于重点设施的碳排放数据完全公开，每年发布《履约报告》，公开每一个重点设施的名称、年度核证排放量、提交配额量等重要信息；2017 年，欧盟发布了 13688 个重点设施 2016 年度的履约情况。

欧盟在政府决策过程中建立反馈机制，公民和利益相关方可以就有关法律、政策的制定提出建议，以保持决策的公开、透明性，提高公民和利益相关方的参与和贡献度，发挥非政府监管作用，同时最大程度度降低管理成本、减少政策实施的影响和障碍①。

表 12-1　欧盟碳市场信息披露规则

法律	有关信息披露的要求内容
《建立欧盟温室气体排放配额交易体系指令》（Directive 2003/87/EC）	第 15a 部分　信息披露和职业保密 成员国及委员会应当确保及时披露所有与配额分配和配额数量相关的、与排放量的核算报告和核查（MRV）相关的决定及报告等 除法律、法规等要求外，职业保密的信息可以不被披露
	第 17 部分　信息获取 与配额分配有关的决定、成员国管制企业参与项目的情况，以及管理当局持有的企业排放报告等信息，应按照《公众获取环境信息指令》（Directive 2003/4/EC）的要求向公众开放
	第 10 部分　配额拍卖 欧盟委员会应对碳市场进行监督，并每年向议会提交碳市场分析报告，内容包括拍卖、配额交易情况等。如果需要，成员国应在该报告准备前的 2 个月向欧盟委员会提交充分材料

---

① 刘海燕，等. 碳市场舆情风险管理［A］//国家气候战略中心工作报告［R］. 2018.

续表

法律	有关信息披露的要求内容
《建立欧盟温室气体排放配额交易体系指令》（Directive 2003/87/EC）	第 21 部分　成员国报告 1. 成员国应每年向欧盟委员会提交碳交易指令执行的进展报告，侧重配额分配、登记簿运行、MRV、履约等 2. 欧盟委员会应于收到成员国报告 3 个月内发布一份碳交易指令的执行报告 3. 欧盟委员会会在成员国管理当局间建立信息交流机制，对配额分配、ERUs 及 CER 使用、登记簿运行、MRV、信息技术和履约等内容进行充分交流

表 12 - 2　欧盟碳市场部分数据信息

单位：万吨

年份	2013	2014	2015	2016	2017	2018
配额总量（设施）	208430.2	204603.8	200777.3	196950.9	193124.5	189298.1
配额总量（航空）	3245.5	4186.7	5066.9	3887.9	3871.2	38704.0
拍卖配额	80814.7	52840.0	63272.6	71529.0	95119.6	48292.2
免费配额	90300	87480	84760	82130	79620	77190
新加入者配额	1150	1470	1780	2030	2070	2000
核证排放量	190800	181400	180300	175100	175400	—

注：2018 年拍卖配额截至 6 月底。
数据来源：EC. Report on the functioning of the European carbon market 2018

二、美国加州经验

（一）管理体制

美国加州将详细的碳交易规则写入了加州法典（CCR）① 下的《加州温室气体排放上限和市场履约机制》② 条款（95800—96022）。在长达 400 多页、85 个具体的法律条款中，详细披露了加州碳市场的

---

① California Code of Regulation.
② ARTICLE 5：California Cap On Greenhouse Gas Emissions and Market – Based Compliance Mechanisms. 2017. 10.

纳入主体、年度配额预算数量（2013—2050年）、账户注册、免费配额分配、配额拍卖、遵约、配额交易、抵消机制、惩罚措施等规则。加州大气资源委员会（CARB）是加州碳市场的主要管理部门，负责市场监管，以确保加州碳市场的统一性。

（二）企业监管

加州在碳市场法律条款中明确了企业违法行为和处罚，规定任何违法行为都将根据《健康与安全法》采取处罚措施；并由CARB根据实际情况，确定具体的处罚。违法行为包括管制企业未按时履约，在提交报告记录过程中存在欺诈、错误、遗漏重大事实等情况。其中，对于未按时履约的，将按照额外排放量4倍的数量处罚。

（三）核查监管

CARB制定的《温室气体强制报告条例》中，对第三方核查的技术规范、核查机构认证与管理等做出了具体的法律规定。加州对核查机构和核查员进行认可、认证管理，并与ISO 14065和ISO 14066的相关要求保持一致。核查机构每次认证有效期为3年，核查机构应具有一定数量经认证的主核查员、有400万美元的专业责任保险，拥有内部防范利益冲突的机制和技术培训程序。核查员需要满足相关要求并通过CARB批准的培训和考试。此外，对特定行业和减排项目核查员的认证还有进一步的专业要求。

加州非常重视事前监管，特别要求核查机构在开展核查业务前，必须向CARB提交潜在利益冲突评估等申请，只有CARB认定利益冲突评估等级为"低"时才能开展核查活动，并对利益冲突情况持续监测。CARB 每年对每家核查机构及其核查员进行审查，并对同一行业中多种设施由不同核查机构进行的核查进行审查，以保证不同核查机构的核查工作的一致性。

（四）市场监管

1. 拍卖与交易的监管

在拍卖上，CARB 负责监管拍卖活动，确保市场没有违反竞争的行为。在加州碳交易立法文件中，设置了对配额持有和拍卖购买的限制，避免交易主体获得操纵市场的权力，其中管制主体、电力分销商、opt – in 覆盖主体等购买上限为拍卖配额总量的 25%，其他主体购买上限为 4%。在交易上，CARB 与美国商品期货交易委员会（CFTC）合作，由其负责大宗交易活动、价格、供需等方面的监管[①]。此外，CARB 还与联邦能源监管委员会（FERC）、加州独立系统运营商（CAISO）、加州检察长办公室等机构共同监管操纵市场的不当行为。[②] CARB 同时聘请专家开展独立市场监督活动，其中，监测专家负责监督拍卖等活动的公正性，开展评估，提出应对市场风险的管理建议；来自行业领域的专家组成市场监管委员会，研究市场设计、市场监管等，并提出建议。CARB 还鼓励公众参与市场监督，举报违法活动。

2. 登记簿监管

为实现配额的发放、交易和注销功能，加州建立了履约工具记录

---

① CARB. Cap and Trade: Market Oversight and Enforcement. 2011.

② CARB. 2017 Annual Report to the Joint Legislative Budget Committee on Assembly Bill 32 (Núñez and Pavley, Chapter 488, Statutes of 2006), The California Global Warming Solutions Act of 2006: 7.

系统（CITSS），并对配额转移严格监管；加州规定只有当 CARB 认可
配额（或抵消机制减排量）的"转移申请"（transfer request）满足法
律要求，才能完成其在不同账户间的划转。

（1）转移申请

转移申请由转出方发起，CARB 基于申请信息决定其是否满足法
律要求，包括：账户代表信息，交易产品、数量和年份，交易类型等
（见表 12 – 3）。如果账户代表在发起申请后超过三天确认，或在交易
后三天内未上报申请，均属违法行为。除联营企业外，转移申请必须
在交易协议达成后提交。

表 12 – 3　配额转移申请需提交信息

分类		提交信息
基本情况		转出方账号，两名基本账户代表的个人身份信息；转入方账号 交易类型、数量和年份
交易类型	场外交易（3 天内交付）	交易协议签署日期 协议终止日期 交易价格
	场外交易（3 天后交付）	交易协议签署日期 协议终止日期 交易协议是否提供进一步的交易或其他产品交易 如交易协议中有固定价格，提供该价格 如交易协议中价格是成本加上保证金，提供成本和保证金 如协议中价格非上述情况，提供价格确定的方法和说明
	场内交易	交易所名称；交易所签署合同的说明代码 合同日期；合同价格

资料来源：Article 5：California cap on greenhouse gas emissions and market – based
compliance mechanisms. 2017

（2）禁止的交易行为

禁止的交易行为主要包括：一是企业持有其他企业所有权益的配额，或持有配额目的是为其他企业持有或处置该配额。二是存在或关联以下行为的交易：违法操纵和欺骗；垄断市场、欺诈（或企图）；发布影响价格的错误、误导信息；提交的申请、报告、陈述、文件中存在错误、误导或者重大事实遗漏等。

（3）处罚

对违反有关交易规定的行为，CARB 通过登记簿采取以下限制措施：直接将企业的配额减少到允许持有的配额数量以下；将企业年度履约的配额数量提高 30% 以上；暂停或取消企业的登记簿注册；限制或禁止账户间的配额转移。

（五）信息披露

加州对企业碳排放数据和履约数据等重要信息均完全公开。加州碳交易法律规定，除非企业有贸易机密或不满足《加州公众记录法案》等情况，其信息具有"保密性"，否则其提交管理当局的排放信息均视为公开信息。加州每年发布《温室气体排放年度数据》，公开设施层级的温室气体排放量，包括企业报送的排放量、CARB 核实的纳入交易的排放量、核查主要结论等。同时，加州每年发布《年度履约报告》，公开履约法人履约信息，包括排放量、履约量、履约状态等重要信息。2017 年，加州分别公开了 800 个工厂和设施层级的温室气体排放量以及 283 家企业法人的履约信息（部分见表 12－4）。

表 12 – 4 加州碳市场 2016 年履约信息

单位：吨

企业名称	年度排放	年度履约责任*	提交配额	提交抵消减排量	履约状态
纽瓦克集团（The Newark Group, Inc.）	26702	8010	8010	0	完成
弗里托—莱伊公司（Frito – Lay, Inc.）	54528	16358	16358	0	完成
圣华金炼油公司（San Joaquin Refining Company, Inc.）	319569	95870	95870	0	完成
城市滨河公共服务公司（City of Riverside Public Utilities）	583379	175013	175013	0	完成
拉帕发电公司（La Paloma Generating Company, LLC）	1658428	497528	364854	132674	完成
美国空气液化公司（Air Liquide Large Industries U. S., LP）	1417461	425238	311842	113396	完成

注：*加州规定，企业在每个阶段的履约责任包括年度履约和最终履约，其中年度履约需提交上年度排放量 30% 的配额，最终履约需提交该阶段未履约的全部配额；加州碳市场第二阶段为 2015 年 1 月 1 日至 2017 年 12 月 31 日，最终履约截止日为 2018 年 11 月 1 日。

数据来源：CARB. 2016 Annual compliance obligation summary

此外，加州还通过公开会议的方式，将碳市场法律政策调整等的重要事宜公开，充分接纳公众等各利益相关方的反馈意见。仅 2016 年，加州召开的碳市场公开会议就有九次，讨论的主题涵盖 2020 年后排放上限和配额分配、碳泄漏和行业抵消、电力和天然气行业强制温室气体报告、碳交易法律修正提案等内容。并且每次会议的提案、各方意见等在 ARB 网站均完全公开。

参考文献

[1] Directive 2003/87/EC of the European Parliament and of the Council of 13 October 2003 establishing a scheme for greenhouse gas emission allowance trading within the Community and amending Council Directive 96/61/EC[Z].

[2] EC. Report on the functioning of the European carbon market[R]. 2018.

[3] EEA. Trends and projections in the EU ETS in 2017[R]. 2017.

[4] DEHSt. Guidance for preparing monitoring plans and emission reports for stationary installations in 3rd trading period in Germany[R]. 2017.

[5] DEHSt. The German emissions trading authority as a virtual organization[R]. 2015.

[6] DEHSt. State participants – how are tasks distributed in the course of emissions trading.

[7] CCR. Article 5: California cap on greenhouse gas emissionsand market – based compliance mechanisms[Z]. 2017.

[8] CARB. 2017 Annual Report to the Joint Legislative Budget Committee on Assembly Bill 32[R]. 2017.

[9] CARB. 2016 Annual compliance obligation summary[R]. 2017.

[10] CARB. Annual summary of 2016 GHG emissions data reported to CARB[R]. 2017.

[11] CARB. Cap and Trade: Market Oversight and Enforcement[R]. 2011.

[12] Directive 2014/65/EU of the European parliament and of the council of 15 May 2014 on markets in financial instruments and amending Directive2002/92/EC and Directive 2011/61/EU[Z].

［13］郑爽，刘海燕．欧盟与美国碳市场核查制度建设经验及启示［J］．中国能源，2017（11）.

［14］刘海燕，等．碳市场舆情风险管理［A］//国家气候战略中心工作报告［R］．2018.

第十三章[①]

全国碳交易体系监管制度研究

　　建立归属清晰、保护严格、流转顺畅、监管有效、公开透明的全国碳交易体系，是利用市场机制控制和减少温室气体排放、推动绿色低碳发展的重大制度创新实践。监管制度是全国碳交易市场建设的重要组成部分，构建强有力、透明、公开、高效的监管体制是约束碳交易市场中各类主体、实现碳排放政策控制目标的基本保障。全国碳交易体系下的监管是指监管主体依据相关法律法规，采用法律、行政、经济等手段对交易体系中各类主体的履约、核查和交易等行为进行监督和管理，以保证政策实施的强制力和环境效果，维护碳市场规范有序运行。本章以国家政策文件为依据[②]，研究设计了以监管主体、监管对象、监管内容、监管措施以及监管技术手段等为要素内容的全国碳交易体系监管制度。

---

　　① 原文刊载于《中国能源》2018 年第 11 期，作者郑爽。
　　② 《碳排放权交易管理暂行办法》《全国碳排放权交易市场建设方案（发电行业）》《国务院关于建立完善守信联合激励和失信联合惩戒制度加快推进社会诚信建设的指导意见》以及《关于加强企业环境信用体系建设的指导意见》等。

一、监管主体与监管对象

监管主体和监管对象是全国碳市场监管制度中的主要行为主体。

(一) 监管主体

监管主体是指全国碳交易体系中行使监管行为的监督者和管理者，包括三类，即国家气候变化主管部门、地方气候变化主管部门和社会公众。其中前两者为核心的直接监管机构，依法行使和履行对市场参与者行为进行监督管理的职权和职责，具体分级实施对监管对象的监督、管理和处罚等。社会公众作为特殊的监管主体，通过公开披露的信息等渠道对所有市场主体，包括国家、省级的监管部门，以及各类监管对象和碳交易市场运行进行媒体和公众监督。

除此之外，政府监察部门是碳交易体系以外的一类监管主体，主要实施对气候变化主管部门的监管。

(二) 监管对象

监管对象是指全国碳交易体系下接受上述监管主体监督的市场参

与者，主要包括四类，即重点排放单位、核查机构、交易机构和其他市场主体。

首先，对这四类监管对象，具体由国家和省级气候变化主管部门进行分级监督和管理。基于分级监管机制，不同的监管对象将对应不同的监管主体。例如，重点排放单位和核查机构主要接受省级主管部门监管。交易机构由国家主管部门批准并实行监管。其他交易主体受国家主管部门和交易机构监管。

其次，作为主管部门监管对象的核查机构和交易机构，在碳交易体系运行中，还分别对重点排放单位和碳交易活动参与者发挥一定程度的监管作用。

最后，作为监管主体的各级政府气候变化主管部门也同时构成一类特殊的监管对象，接受政府相关监察部门和公众的监督。

二、监管内容与监管措施

监管内容和监管措施是指监管主体对各类监管对象的碳交易相关活动和行为进行的管理，并采用相应方式、手段和处罚等措施实施监管。对于不同的监管对象，监管的内容和措施存在共性和差异性，下面针对不同监管对象进行讨论。

（一）重点排放单位

重点排放单位是碳交易政策规制的根本对象，是承担控制碳排放任务的唯一主体，因此是管理部门的核心监管对象。碳交易体系覆盖全国，重点排放单位数量众多、地方差异性显著，由省级气候变化主管部门（以下简称省级主管部门）对辖区内的重点排放单位进行直接监管有利于实现有效、及时的管理。对重点排放单位的监管内容具体应包括：是否履行碳排放监测、排放报告报送、接受配合核查、控制碳排放、按期清缴配额履约等义务，以及交易活动是否合规等。

对于制定和实施监测计划及排放报告数据报送，重点排放单位须按规定进行排放监测并按时报告排放数据，并对数据的真实性、准确性和完整性负责。省级主管部门须监督重点排放单位是否存在迟报、虚报、瞒报、漏报或者拒绝履行排放报告义务的情况；在接受第三方机构核查方面，省级主管部门须对重点排放单位是否提供虚假、不实的文件资料，隐瞒重要信息，或者无理抗拒、阻碍第三方机构开展核查工作，以及不按规定提交核查报告等方面进行监督；碳交易履约的核心是重点排放单位控制、削减其碳排放，省级主管部门须检查重点排放单位是否按照规定履行配额清缴义务，足额清缴配额；在交易活动方面，国家主管部门和国家指定的交易机构应对重点排放单位是否存在内幕交易、操纵市场、交易产品交割等与交易有关的活动进行监督检查。

对于重点排放单位各类违规行为，国家和省级主管部门应根据相关法律法规，按照违规行为的性质和影响程度对其实施相应的处罚。处罚手段主要包括以下几种：

（1）行政处罚

行政处罚包括：取消其获得各类专项资金支持政策的资格，取消其参加节能环保及应对气候变化等方面的评先评优活动，将其违规行为纳入企业绩效考核评价体系，调整削减违规企业的配额数量等。

（2）罚款和没收非法所得

对违规企业进行经济处罚是重要的监管措施之一，包括：根据行政处罚限额规定进行的行政罚款，根据国家碳交易相关法规规定按市场价格倍数进行的罚款，没收非法所得等。

（3）纳入信用记录，实行信息公开和联合惩戒

对于重点排放单位排放报告、核查、配额清缴以及交易活动等方面的违规行为可记入其社会信用或企业环境信用记录，将相关信息纳入全国信用信息共享平台。主管部门联合工商、税务、金融、法院执行等部门对违规企业实施惩戒。

（二）核查机构

核查制度本身就是一项监管措施，其实施主体——第三方核查机构是核查制度有效运行的重要保证，因而对核查机构进行事前、事中和事后监督管理是碳交易监管制度中的重要组成部分。应由国家主管部门制定统一的对核查机构的监管内容和措施，由地方主管部门负责具体实施对核查机构的监督管理。

对核查机构的监管包括以下内容：

（1）准入管理

严格要求核查机构的资质、实行准入制度是维护市场严肃性的关键步骤，也是国际通行做法。应由国家主管部门制定全国统一的机构与核查员准入标准，省级主管部门根据该标准具体确定地方机构和核查员，并对机构和人员进行双重备案管理。省级主管部门还应对核查机构和核查员进行培训、评估、考试、认可和认证等。

（2）事中和事后监管

省级主管部门应检查核查机构是否按照有关规定和技术规范开展核查工作，出具独立核查报告，并确保核查报告真实、可信。主管部门应重点关注的违规行为包括：核查机构与重点排放单位相互串通、虚构或者捏造数据，出具虚假报告或者报告严重失实存在重大错误，泄露企业信息，参与市场交易，给重点排放单位造成经济损失，与重点排放单位有其他利害关系以及违反公平竞争原则等情况。

对核查机构的监管措施和手段主要包括：现场检查，对核查报告进行复查，要求核查机构提交年度工作报告，对核查机构进行年度评估，对违规行为进行行政处罚、罚款，向造成经济损失的重点排放单位进行赔偿，没收非法所得，将违规核查机构纳入黑名单、社会信用记录并取消备案，同时向社会公布。

（三）交易机构

交易机构是组织和监督碳交易活动的主体，是全国碳交易市场的运行基础，在进行自律管理的同时，其组织、运作和管理须接受国家碳交易主管部门的直接监管，从而实现国家对碳交易市场的管理。国家碳交易主管部门对交易机构的监管包括准入、事中和事后的检查及处罚等。

对于交易机构的准入，国家碳交易主管部门应对其设立和资质提出具体严格的要求，并进行批准或备案。交易机构应当根据国家碳排放交易法律法规制定交易规则、会员管理、信息发布、结算交割以及风险控制等相关业务细则，并提交国家主管部门备案。事中检查包括对交易机构的交易组织、资金结算和交易收费等活动，以及是否及时准确公布交易信息、建立并执行风险管理制度、遵守和执行交易规则、向国家主管部门报送有关信息、开展违规交易业务、泄露交易主体商业秘密、交易所从业人员存在利害关系等违法违规行为进行监督检查，并对碳交易实行实时监控，以确保市场要素完整、公开透明、运行有序，规避交易风险。

对交易机构的事后处罚措施包括：对于交易机构违反规定的，主管部门应责令其限期改正或依法给予行政处罚；情节严重的，国家主管部门应暂停其交易业务，或取消其交易机构资格；给交易主体造成经济损失的，应承担赔偿责任；构成犯罪的，应追究刑事责任。

（四）其他市场主体

其他市场主体是指除重点排放单位、核查机构和交易机构之外的参与碳交易市场的机构和个人。他们的参与有利于活跃交易市场，提高市场流动性，激励全社会参与减排。

对这类市场主体的监管应由国家主管部门和交易机构负责，并由后者具体实施对这些主体的日常管理。监管内容主要包括市场主体的利益冲突情况、内幕交易、洗钱、操纵交易价格、扰乱市场秩序等违法违规行为。对这些市场主体的监管措施包括：由主管部门责令限期改正；情节严重的，进行行政处罚；纳入个人信用记录；给其他交易主体造成经济损失的，应承担赔偿责任；构成犯罪的，应承担刑事责任。

（五）政府主管部门

碳交易政策的政府主管部门应接受国家监察部门和社会公众的监督，以保证碳交易政策的有效制定和实施，以及碳市场的健康运行。

主管部门若在配额分配、碳排放核查、碳排放量审定、第三方核查机构和交易机构管理等工作中存在徇私舞弊或者牟取不正当利益、违规泄露与碳排放交易相关的保密信息，以及其他滥用职权、失职、渎职、玩忽职守等违法行为，均须依照国家有关规定给予行政处分；给他人造成经济损失的，须依法承担赔偿责任；构成犯罪的，应依法承担刑事责任。

（六）信息公开与社会监督

信息公开不仅是碳交易市场各类主体参与交易的基础，也是广大社会公众进行监督必要的信息来源。碳交易主管部门和其他相关机构需要及时向社会公布政策和市场相关信息，内容应包括以下四方面：

（1）政策信息

政策信息，即碳交易政策法规、规范性文件、指南标准、纳入温室气体种类、纳入行业、重点排放单位纳入标准、纳入单位名单、配额分配方法、配额总量及分省配额、碳交易政策定期评估报告等。

（2）市场主体信息

市场主体信息，即重点排放单位的配额分配额度、年度重点排放单位的排放和配额清缴、核查机构名录及其评估状况、国家确定的交易机构等。

（3）市场交易信息

市场交易信息，即配额及其他产品交易的信息与数据，包括交易行情、交易数据统计资料、交易所发布的与碳排放交易有关的公告等。

（4）社会信用信息

社会信用信息，即由社会信用信息共享平台发布的碳市场主体失信信用记录的相关信息等。

主管部门还应公布举报电话和电子邮箱，接受公众监督。任何单位和个人均有权针对重点排放单位的碳排放量化、报告、履约和交易行为，核查机构的核查活动、政府主管部门以及其他市场参与主体交易过程中的违法违规行为向主管部门或者其他部门举报。

三、监管技术手段

全国碳交易体系的监督管理离不开信息技术手段，这些技术手段是实现政策规定和要求、收集和处理海量数据的工具，也是进行信息和数据公开的载体，还是监督管理中不可缺少的基础设施。这些技术手段包括企业排放报送系统、注册登记系统、交易系统和信息公开网站四种类型。

（一）企业排放报送系统

碳排放交易必须建立在排放单位的真实、透明、完整、一致的温室气体排放监测、核算及报告基础上，因此需要运用信息化科技手段，建立集基础数据采集、排放核算、数据报告、监督管理、分析决策为一体的重点排放单位温室气体排放数据报送系统。该系统可实现温室气体排放相关数据及时、准确和便捷的报告、审核等工作，将企业监测、核算、报告、政府监管、分析、决策等流程有效衔接起来，是碳交易制度运行所必备的基本数据和监管系统。

（二）注册登记系统

注册登记系统是记录碳交易体系中排放配额等碳单位的创建、签发、分配、持有、转移、履约、自愿取消和注销等流转全过程和碳单位权属的电子化信息管理系统，纳入碳交易体系的各类市场主体均需使用登记系统来实现各项配额管理活动。登记系统由国家主管部门管理运行，是实现配额分配、配额转让和履约清缴的核心技术手段，因此是重要的监管工具。登记系统还可与企业排放报送系统以及交易系统相连接，实现数据交换，强化支持政府对碳交易市场的监管。

（三）交易系统

碳排放交易系统是为保障交易主体进行公平、公正、公开交易而构建的安全、稳定、可靠的电子交易平台，具有管理、维护、安全、查询、清算、监控、服务等功能。交易系统能够满足碳排放交易企业等各类市场主体进行碳排放配额产品的实时交易，以及进行碳资产投资管理、对交易过程进行风险控制、保证交易资金安全划拨、实现与登记簿关于排放配额转移和交割的数据交换等活动。交易系统也是服务政府监管机构的技术支撑工具，其提供的交易数据、市场行情、风险分析、交易主体情况等信息，是监管机构进行市场调控管理的重要依据。

（四）信息公开网站

全国碳交易体系的各类信息需要通过主管部门建立的门户网站、公共服务平台网站或者其他机构的官网等向社会公布。通过信息化系统对外及时公开发布碳交易政策规定，重点排放单位、核查机构等排放、履约、核查情况，交易行情以及各类市场主体的社会信用信息等，便于市场参与者和社会公众了解、查询碳交易体系运行状况并对其进行监督，增强全社会应对气候变化的责任意识。因此，信息公开系统是实现碳市场监管的重要技术工具。

四、结论与建议

综上所述，针对全国碳交易体系的运行涉及多元化主体的特点，其监管制度的建立应明确监管主体和各类监管对象，通过制定法律法规和各项规范性文件，建立分级监管体制，明确各类主体的权利、责任、义务，规定监管内容、措施手段以及处罚标准，并以信息技术为支撑，形成全方位立体化的高效监督管理体系（见图13-1），从而成为保证国家碳交易政策强制力和约束性、实现排放控制目标和碳交易市场健康有序运行的制度保障。

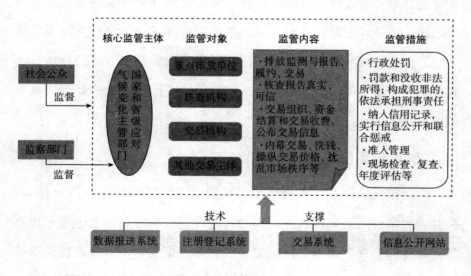

图13-1 监管制度框架

参考文献

［1］郑爽,等.全国碳交易体系下核查制度研究［J］.中国能源,2017
（8）.

［2］郑爽,等.全国七省市碳交易试点调查与研究［M］.北京:中国经济出版社,2014.

［3］陈慧珍.中国碳排放权交易监管法律制度研究［M］.北京:社会科学文献出版社,2017.

［4］郭冬梅.中国碳排放权交易制度构建的法律问题研究［M］.北京:群众出版社,2015.

［5］李佐军,等.中国碳交易市场机制建设［M］.北京:中共中央党校出版社,2014.

第五篇

碳排放权性质研究

第十四章①

碳排放权性质综述

从广义上讲，碳排放权是指主体向大气排放二氧化碳等温室气体的权利。其涵盖范围广泛，性质和内容也由于理论和实践活动涉及领域的不同呈现出多元化特征。本章首先界定碳排放权概念，然后识别其性质内容，进而实证分析国内和国际实践，旨在为碳排放权理论研究提供新思路。

---

① 原文《碳排放权性质评析》发表于《中国能源》2018 年第 6 期，作者郑爽。

一、碳排放权界定

碳排放权一词起源于排污权①，自国内学者于 1997 年首次提出后②，逐渐被国内学界和实务界广泛使用，但迄今为止尚缺乏统一公认的定义。这不仅因为碳排放权在不同的学科领域具有不同的含义和特征，并且对于碳排放是否是一种权利也存在争议。

从法学、经济学、环境学、公共管理学等领域的研究可见，碳排放权的含义主要有两类：一类是指气候变化国际法下，以可持续发展、共同但有区别以及公平正义原则为基础，代表着人权下的发展权，为了满足一国及其国民基本生活需求和发展的需要而向大气排放温室气体的权利③。这种权利是道德权利，而非严格的法律权利。另一类是

---

① 虽然温室气体不属于污染物，但学界一般认为碳排放权是一种排污权，碳排放权交易是排污权交易的一种类型。

② 徐玉高，郭元，吴宗鑫. 碳权分配：全球碳排放权交易及参与激励 [J]. 数量经济技术经济研究，1997（3）.

③ 杨泽伟. 碳排放权：一种新的发展权 [J]. 浙江大学学报（人文社会科学版），2011（3）：40－49；王明远. 论碳排放权的准物权和发展权属性 [J]. 中国法学，2010（6）.

碳交易制度下的排放权，是指对大气或大气环境容量的使用权。这种使用权可以通过法律规定被私有化，并在市场上交易，从而实现全社会低成本控制排放的目的。该语境下的碳排放权是当前理论研究和实践应用的主流，有具体的法律、经济和财务性质，是本章的研究对象①。

需要强调的是，西方国家的碳交易政策实践中均没有采用排放权概念，而是实行的排放许可交易。因此，本章的碳排放权泛指碳排放总量控制与交易制度下的碳排放权（emission right）、排放配额（emission quota）或排放许可（emission allowance）。

二、碳排放权的性质

从碳交易理论研究和实践应用看，碳排放权的性质主要表现为法律属性和经济属性。前者是指法律上规定和调整的碳排放权利，它不仅是碳交易制度立法和实践的根本基础，也是碳市场顺利运行的依据和保障，因此是行政管理部门和学界最为关注的。经过法律和制度安排，碳排放权具有可转让性，进入经济活动领域后又表现出不同维度的经济和财务性质，能够从侧面反映市场交易的活跃性和成熟度。

关于碳排放权的法律属性，学术界存在多种学说，没有达成共识。其中财产权说（property right，更多运用于英美法系）以经济学环境产

---

① 不包括温室气体减排项目产生的碳减排量。

权理论为基础，认为碳排放权是一种环境容量的使用权，由法律规制为企业拥有的私人财产权，持有者对该财产享有占有、转让、使用和处分等权利。还有研究依据国外法学者提出的新财产学说①，认为碳排放权有别于传统财产，属于社会福利、专营许可以及公共资源的使用权等"政府馈赠"，这些政府许可一旦被以法律的形式确定下来，就成为权利人的财产，因此碳排放权是新型财产权②。

行政权利说认为碳排放权是权利主体在国家许可的范围内，对属于国家所有的环境容量资源的使用权利。碳排放权须经过申请、批准等许可程序，被政府行政部门控制并进行全过程干预，是行政许可或特许③。物权说分别以大陆法系解释论和立法论思路研究碳排放权的私权和公私权混合性质，形成了将碳排放权界定为用益物权④、准物权⑤、准用益物权⑥、特许物权⑦等多种观点，以前两者影响最大。

从经济属性来看，首先碳排放权具有稀缺性、使用价值和可交易

---

① Charles A. Reich. The New Property [J]. Yale Law Journal, 1964.

② 丁丁，潘方方. 论碳排放权的法律属性 [J]. 法学杂志，2012 (9).

③ 中国清洁发展机制基金管理中心. 碳配额管理与交易 [M]. 北京：经济科学出版社，2010；王慧. 论碳排放权的特许性质 [J]. 法制与社会发展，2017 (6).

④ 石小叶. 论碳排放权的用益物权属性 [J]. 法制博览，2017 (24)；欧阳澍. 碳排放制度的民法学思考 [J]. 求索，2011 (4)；刘京. 论碳排放权的财产属性 [J]. 湖北社会科学，2013 (1)；叶勇飞. 论碳排放权之用益物权属性 [J]. 浙江大学学报（人文社会科学版），2013 (6).

⑤ 王明远. 论碳排放权的准物权和发展权属性 [J]. 中国法学，2010 (6)；杜晨妍，李秀敏. 论碳排放权的物权属性 [J]. 东北师大学报（哲学社会科学版），2013 (1)；杜晨妍，李秀敏. 论碳排放权的私法逻辑构造 [J]. 东北师大学报（哲学社会科学版），2016 (1).

⑥ 刘自俊，贾爱玲. 论碳排放权的法律性质——准用益物权 [J]. 环境污染与防治，2013 (10).

⑦ 苏燕萍. 论碳排放权的法律属性 [J]. 上海金融学院学报，2012 (2).

性，具有与普通大宗商品类似的特征，如可以在市场上进行现货交易、具有与普通商品类似的价格形成机制等，因此碳排放权具有商品属性。随着碳市场交易规模的扩大，碳排放权逐渐衍生出具有投资价值和流动性的金融资产，具有金融属性。碳排放权价值来自政府信用，具备良好的同质性，可充当一般等价物，可以像货币一样可存可借，因此具有货币属性或类货币属性①。

从企业财务报表和政府税收角度，需要将碳排放权纳入会计核算体系。但对于碳排放权的会计确认和计量，目前国内外尚缺乏权威会计准则规定。相关实践和研究主要将其认定为存货、无形资产、金融资产和捐赠资产等类型。美国二氧化硫（SO_2）排污交易和地方性碳交易制度中将排放许可认定为存货②；国际会计准则委员会曾将其认定为无形资产，但遭到各方反对，于 2005 年撤销了该规定；将碳排放权列为金融资产是因为它具有与金融工具和资产相似的特征；还有研究认为排放权是政府发放的馈赠资产③。

三、国内实践

（一）碳交易试点

我国 2013 年开始实施的七省市碳交易试点为碳排放权的实证研究

---

① 苏亮瑜，谢晓闻. 碳市场发展路径与功能实现：基于碳排放权的特殊性 [J]. 广东财经大学学报，2017（1）；乔海曙，刘小丽. 碳排放权的金融属性 [J]. 理论探索，2011（3）；张彩平. 碳排放权初始会计确认问题研究 [J]. 会计之友，2011（20）.

② 美国联邦能源管制委员会. Uniform System of Accounts [Z]. 1993；Code of Federal Regulation，2016 等。

③ Jacob & Brent. 报告污染配额相关问题研究 [Z]. 1996.

提供了丰富的素材。深入分析试点地区的政策制定和交易运行有助于揭示实践中碳排放权呈现出的性质和特征（见表 14 – 1）。

表 14 – 1　国内实践中的碳排放权性质解析

地区	文件来源	相关定义	配额管理方式	性质特征
碳交易试点				
北京	《北京市碳排放权交易管理办法（试行）》《北京市碳排放权交易试点配额核定方法（试行）》《北京市碳排放权会计核算指导意见（征求意见稿）》① 等	碳排放权是指碳排放单位在生产经营活动中直接和间接排放二氧化碳等温室气体的权益。包括二氧化碳排放配额和经审定的碳减排量 二氧化碳排放配额是由市发展改革委核定的，允许重点排放单位在本市行政区域一定时期内排放二氧化碳的数量	总量设定、分配方法、配额分配、停发、核减、奖励、拍卖、回购 鼓励开展碳排放配额抵押式融资	碳排放权利＝权益＝碳排放配额＝碳减排量＝行政许可 碳排放配额＝商品＝抵押权 会计处理：其他资产
天津	《天津市碳排放权交易管理暂行办法》等	碳排放权是指企业在生产经营过程中直接和间接排放二氧化碳的权益。直接排放是指燃烧化石燃料或生产过程中产生的二氧化碳排放 碳排放权配额是市发展改革委分配给纳入企业指定时期内的碳排放额度，是碳排放权的凭证和载体。1 单位配额相当于 1 吨二氧化碳排放权	总量设定、分配方式、配额分配、市场投放或回购、关停上缴、合并继承 鼓励配额质押融资	碳排放权＝碳排放权配额＝行政许可 碳排放权配额＝商品＝质权
上海	《上海市碳排放管理试行办法》《上海市 2013—2015 年碳排放配额分配和管理方案》等	碳排放配额是指企业等在生产经营过程中排放二氧化碳等温室气体的额度，1 吨碳排放配额（简称 SHEA）等于 1 吨二氧化碳当量	总量设定、分配方式、配额分配、合并继承、关停上缴、配额持有下限 鼓励探索配额担保融资等	碳排放配额＝排放额度＝行政许可 碳排放配额＝商品＝抵押权或质权

---

　①　北京、广东和深圳的会计处理规范均为行业意见，没有强制实施，并且只有广东的规范是公开发布。

地区	文件来源	相关定义	配额管理方式	性质特征
重庆	《重庆市碳排放权交易管理暂行办法》等	碳排放权是指依法取得向大气直接或者间接排放温室气体的权利，量化为碳排放配额，1吨配额相当于1吨二氧化碳当量排放量	总量设定、无偿收回、配额分配、配额交易量限制 鼓励探索配额担保融资等	碳排放权＝碳排放配额＝行政许可 碳排放配额＝商品＝抵押权或质权
广东	《广东省碳排放管理试行办法》《广东省碳排放配额管理实施细则（试行）》《广东企业碳排放权交易会计信息处理规范》等	碳排放配额是指政府分配给企业用于生产、经营的二氧化碳排放的量化指标。1吨配额等于1吨二氧化碳的排放量	总量设定、发放方式、配额继承、调整、关停配额提交、拍卖、企业迁出配额处理、配额持有上限、异议复核 鼓励探索碳排放交易产品融资服务	碳排放配额＝行政许可 碳排放配额＝商品＝抵押权或质权 会计处理：无形资产（自用）、金融资产（投资用）
湖北	《湖北省碳排放权管理和交易暂行办法》《湖北碳排放权交易中心碳排放权交易规则》等	碳排放权是指在满足碳排放总量控制的前提下，企业在生产经营过程中直接或者间接向大气排放二氧化碳的权利	总量设定、预留配额、分配方式、重新核定、异议复查 鼓励探索碳排放权抵押、质押等金融产品	碳排放权＝碳排放配额＝行政许可 碳排放配额＝商品＝抵押权或质权
深圳	《深圳市碳排放权交易管理暂行办法》《深圳碳排放权交易所风险控制管理细则（暂行）》《深圳市碳排放权交易试点有关企业会计处理规定》等	预分配配额是指由主管部门在每个配额分配期，根据配额预分配原则和方法确定，并且无偿分配给管控单位的配额	总量设定、分配方式、储备配额、拍卖、价格平抑储备配额、回购、配额继承与分割、企业解散破产配额回收、配额最大持有量等 配额可以转让、质押或其他方式取得收益	碳排放配额＝行政许可＝商品＝质权 会计处理：无形资产（自用）、金融资产（投资用）

续表

地区	文件来源	相关定义	配额管理方式	性质特征
全国碳交易制度				
—	《碳排放权交易管理暂行办法》	碳排放权是指依法取得向大气直接或者间接排放温室气体的权利 排放配额是指政府分配给重点排放单位指定时期内的碳排放额度，是碳排放权的凭证和载体	—	碳排放权＝排放配额＝行政许可
—	《碳排放权交易管理条例（送审稿)》	排放配额是指政府分配的碳排放权的凭证和载体，1个配额代表持有配额的重点排放单位被允许向大气中排放1吨二氧化碳当量的温室气体的权利	—	碳排放权＝排放配额＝行政许可＝无形资产

　　首先，试点地区对碳排放是否是一种权利认识不同。试点地区通过地方立法、规章或者政府文件等法律法规形式对实施碳交易政策进行了规制。在碳交易政策名称上，北京、天津、湖北、重庆使用了"碳排放权交易"用法，强调碳排放是权利或权益，交易对象是碳排放的权利；上海、广东则采用了"碳排放管理"的表述，强调政策目的是对碳排放进行管理，交易对象是排放配额，没有使用权利概念；深圳虽然名称上使用了"碳排放权交易"，但并没有对碳排放权做出定义。

　　其次，各地区对碳排放权的法律性质缺乏明确规定。认定碳排放为权利的试点地区，将碳排放权定义为"企业在生产经营过程中直接和间接排放二氧化碳的一种权利"（重庆、湖北）或"权益"（北京、天津）。其法律解释应为碳排放权是企业享有的碳排放的权力和利益（权利），或者企业的碳排放是受法律保护的权利和利益，并且碳排放权是资产（权益）。但这没有明确碳排放权的公法或者私法性质，无

· 223 ·

法确定该权利的法域归属。

最后，碳排放配额具有行政许可特征。"碳排放配额"被试点地区定义为碳排放权的凭证和载体、碳排放额度或者量化指标，是碳交易的标的。文件规定配额由主管部门核定、分配给企业，并可对已分配的配额进行调整，如停发、核减和奖励，以及收回关停企业的配额等；主管部门对配额持有最大量和持有下限等也有限制要求。这说明发放配额是行政许可过程，配额/排放权具有行政许可特征。但配额的发放未经过申请程序（重庆除外），有别于传统的行政许可。

与此同时，碳排放配额又具有物权特征。根据各地管理办法，政府主管部门为调整碳市场价格可以进行配额回购；企业组织形态变更时可将碳排放权视为资产进行处理，如公司分立时可以对配额进行分割、合并企业可以承继配额等；鼓励探索配额担保融资等新型金融服务。实践中出现了控排企业以排放配额作为融资担保物从金融机构获得短期融资的情况，如配额质押、配额抵押、配额回购等融资活动（北京、广东、湖北、深圳），虽然金融机构一般不会将配额作为唯一担保物，而且贷款额度也是根据配额市场价格折价确定。以上规定和配额的公开交易及融资活动说明配额也具有物权特征和商品及资产属性。

综上所述，从碳排放权/配额的政策规制和交易活动看，试点地区呈现出明显的共性和差异性。共性表现为排放配额的行政许可特征，以及交易活动中表现出的商品和资产属性，配额呈现公私权利混杂的性质。差异性表现为对碳排放的权利认识、碳排放权/配额的法律性质界定、交易和融资活动的活跃度、会计处理等。从表14-1可以看出，碳交易试点过程中，相关概念呈现以下逻辑关系：碳排放权 = 碳排放配额＝行政许可，或碳排放配额＝行政许可，或碳排放配额＝商品＝抵押／质权。

（二）全国碳交易制度

全国碳市场已于 2017 年底启动，正处于政策制定和基础建设中。当前全国碳交易制度的主要法规依据有：2014 年底国家发改委发布的部门规章《碳排放权交易管理暂行办法》①（以下简称《管理办法》），以及 2017 年底国家发改委发布的《全国碳排放权交易市场建设方案（发电行业）》（以下简称《方案》）。另外，碳交易法规也在积极制定中，有 2016 年《碳排放权交易管理条例（送审稿）》②（以下简称《条例送审稿》）可供参考。从上述法规文件可以初步分析碳排放权的性质特征（见表 14 – 1）。

首先，碳排放是一种权利。三份文件均采用了"碳排放权交易"的表述，说明在国家层面碳排放是一种权利。《管理办法》第 47 条规定碳排放权为"依法取得的向大气排放温室气体的权利"，但没有明确其依据什么法律。目前国家尚未颁布气候变化相关法律，既有法律中也没有涉及气候资源或大气环境容量使用方面的内容，因此这里的"依法取得"还需明确。《条例送审稿》和《方案》都没有单独定义碳排放权，而前者在第 36 条一并确定了权利、配额、配额单位等概念，即排放配额"是政府分配的碳排放权的凭证和载体，1 个配额代表持有的重点排放单位被允许向大气中排放 1 吨二氧化碳当量的温室

① 国家发改委 2014 年 12 月发布。
② 来源：http：//huanzi. cec. org. cn/huanbaobu/2016 – 01 – 25/148377. html。

气体的权利"。但以上规定依然没有明确碳排放权的法律性质。

其次，排放配额是行政许可。《管理办法》规定排放配额是"政府分配给重点排放单位指定时期内的碳排放额度，是碳排放权的凭证和载体"。第二章规定排放配额由国家或省级主管部门以免费或拍卖形式分配到省或者企业；在企业关闭、停产、合并、分立等情况下，省级主管部门可对其已获得的免费配额进行调整；《条例送审稿》对排放配额及其管理的规定与《管理办法》非常相近。条例起草部门国家发展改革委还依据《行政许可法》，就配额分配新设行政许可等条例相关内容组织召开过公众听证会。综上，碳排放配额需要通过核发程序，它的取得与行使由行政机关决定，因此属于行政许可，并呈现出碳排放权＝碳排放配额＝行政许可的性质关系。

再次，排放配额是无形资产。《条例送审稿》既明确了排放配额的行政许可性质，又引入了第11条对配额权属的规定，即"排放配额是无形资产，其权属通过国家碳交易注册登记系统确认"。无形资产一般指不具实物形态，但能带来经济利益的资产①。此规定明确了配额的财产性质，应属于私法范畴，于是条例中呈现碳排放权＝排放配额＝行政许可＝无形资产的公私权利混杂的性质关系。

最后，排放配额具有部分可交易性。三份法律文件均规定排放配额可以交易，符合《行政许可法》第9条要求。但《方案》进一步规定"发电行业重点排放单位需……提交与其当年实际碳排放量相等的配额，以完成其减排义务。其富余配额可向市场出售，不足部分需通

---

① 《国家税务总局关于印发〈营业税税目注释（试行稿）的通知〉》（国税发〔1993〕149号）。

过市场购买"。这不仅说明配额可交易性是有限度的,还可推理认为只有交易的配额才具备商品和资产属性。政府对配额的使用实施了很强的干预,显示出配额浓重的公权属性和有限的私权性质。

四、国际实践

碳交易制度起源于西方国家的经济学理论和排污交易政策实践,最早出现在《京都议定书》规定的三个灵活市场机制中。之后一些区域性、国家或地方层面的碳交易体系相继实施,成为国际上减少温室气体排放的重要措施之一。我国以"拿来主义"推行碳交易制度之时,需要深入研究、准确解读这些国家政策实践中的碳排放权性质。

首先,美国是最早进行排放交易政策实践的国家。排污交易和碳交易制度的特点均是排放许可交易,而不是排放权交易。美国 1990 年《清洁大气法》修正案建立了国家层面的二氧化硫排污交易制度,是首次将理论付诸大规模实践。在应对气候变化领域,虽然缺乏联邦层面温室气体减排机制,但地方性的东北地区的区域温室气体交易计划(RGGI)和加州温室气体总量与交易计划颇具影响。以上三项主要的排放交易机制均建立在排放许可交易基础上,即由国家或地方政府向控排企业发放排放许可(allowance),不存在排放权概念。

其次,排放许可是可交易的有限授权(limited authorization),不是财产权。虽然排污交易理论的核心是将环境容量的使用权财产化,但美国在立法中特别强调了排放许可的非财产权性质。1990 年《清洁大气法》修正案明确规定"本法所规定的一个许可(allowance)代表一种排放二氧化硫的有限授权，它不构成财产权，本法的其他规定不能视为对美国政府终止和限制这种授权的权利进行限制"[1]。碳交易领域的法规与此如出一辙，如 RGGI 规定，"一个二氧化碳许可代表主管机构向企业发放的可以排放一吨二氧化碳的授权……二氧化碳许可不构成财产权"[2]；加州温室气体交易计划规定，"主管部门发放的一个排放许可代表排放一吨二氧化碳当量温室气体的有限授权……排放许可不构成财产或财产权"[3]。

欧盟碳交易体系同样是排放许可交易，而不是排放权交易。其《温室气体排放许可交易指令》[4] 规定企业必须申请获得温室气体排放许可证（permit），方能进行生产和相关排放活动，企业获得的具体数量的排放许可（EU Allowance，EUA）可以交易。对于 EUA 的法律性质，该指令起草过程中曾将其定义为"行政授权"（administrative authorization），但考虑到欧盟立法的从属性原则最终未被采纳，而交由各成员国自行认定。此外，由于现货市场不断出现问题，欧盟为加强对碳交易活动的监管，于 2014 年通过《金融工具指令》和《金融工具条例》等，将 EUA 界定为金融工具[5]，由此 EUA 现货和金融衍生品均被纳入金融监管体系。虽然欧盟强调该立法目的是加强碳交易监管，不涉及 EUA 的法律性质或会计处理，但金融工具是指在金融市场

---

① Clean Air Act Amendement Title IV，403（f）.

② Regional Greenhouse Gas Initiative Model Rule，Subpart 1.5，（c）-（8），（9）.

③ Title 17，California Code for Regulations，California Cap on Greenhouse Gas Emissions and Market - based Compliance Mechanizms，Subarticle 4（c）.

④ DIRECTIVE 2003/87/EC，Establishing a scheme for Greenhouse Gas Emission Allowances Trading within the Community and Amending Council Directive 96/61/EC.

⑤ Financial Instruments Directive 2014/65/EU，Financial Instruments Regulation（EU）No，600/2014.

中可交易的金融资产，EUA 的私权属性已然明确。

各成员国在界定 EUA 的法律和财务性质上呈现多样化。根据欧盟环保署的技术报告，2008 年，法国、德国等 9 个国家从财政法规角度将 EUA 视为商品；荷兰等 8 个国家将其视为（无形）资产；瑞典将其视为金融工具，受金融管理机构管制；希腊等 4 个国家没有规定其法律性质。会计确认方面，意大利等 12 个国家将 EUA 视为无形资产或金融资产，奥地利等 4 个国家将 EUA 视为商品或存货，还有一些国家没有规定①；到 2013 年，有 5 个成员国将 EUA 认定为财产权，匈牙利考虑将其列为国有财产，4 个国家认定其为金融资产，德国等国家认定其为商品，但将进行修订②。

实施碳交易制度的其他国家还有新西兰等，它们通常将碳单位视为个人财产或资产。新西兰在《应对气候变化修订法案 2009（修订的排放交易）》和修订的《个人财产安全法 1999》中，将碳排放单位（New Zealand units）纳入个人财产范围，并归为投资证券型资产③。澳大利亚碳定价政策④相关法律规定，政府分配的碳单位（carbon units）属于个人私有财产，政府影响碳单位价值时须对其持有者进行补偿⑤。韩国虽然没有在碳交易法案中明确排放配额的性质，但在其公

---

①　Application of the Emissions Trading Directive by EU Member States-reporting Year 2008, European Environment Agency.

②　Application of the Emissions Trading Directive-An Analysis of National Response to Article 21 of the EUETS Directive in 2014.

③　Climate Change Response（Moderated Emissions Trading）Amendment Act, 2009; Personal Property Securities Act 1999.

④　澳大利亚 2011 年通过了《2011 清洁能源法案》，确立碳定价政策，于 2012 年 7 月 1 日起实施，两年后被废除。碳定价政策在 2012—2015 年阶段不设排放上限，由政府以固定价格或免费向覆盖企业分配排放配额，配额可以交易。

⑤　Clean Energy Act 2011.

司税法的实施指令中将其列为资产①。

　　综观国际实践，碳交易制度通常以排放许可/排放单位为交易标的，而非碳排放权。对排放许可的法律性质的规定基本分为私有财产和非私有财产两类（见表14－2）。欧盟及其成员国、新西兰等多数国家将其纳入私权范畴，政府一旦完成排放许可分配，许可就成为私有财产，受到相应法律保护，政府无权干涉。若因政策造成该财产损失，还需进行法律补偿。排放配额私权性质的确定促进了碳市场的发展，助力欧盟碳交易体系成为全球最活跃、成熟的碳交易市场，排放配额衍生出具有投资价值和流动性的金融资产，如碳排放期货、期权、掉期等金融衍生品，具有典型的金融属性。而美国出于照顾环保主义者的立场，以及政府调节配额以实现政策目标的需要，从法律上强调了排放许可的非私权属性和政府处置许可的灵活性，但排放许可依然呈现显著的商品和金融属性。

表14－2　国外交易制度中交易标的性质特征

	交易标的	性质特征	会计处理
美国			
联邦二氧化硫排污交易制度	二氧化硫排放许可	排放许可≠财产权 排放许可＝商品	存货 无形资产②
RGGI	二氧化碳排放许可	排放许可≠财产权 排放许可＝商品	存货 无形资产
加州温室气体交易计划	排放许可	排放许可≠财产权 排放许可＝商品	存货 无形资产

────────────

①　Enforcement Decree of the Corporate Tax Act, 2017.

②　Ernst and Young 2010.

续表

	交易标的	性质特征	会计处理
欧盟			
欧盟	欧盟排放许可（EUA）	排放许可 = 金融工具	—
欧盟成员国	同上	排放许可 = 商品排放许可 =（无形）资产排放许可 = 金融资产 排放许可 = 财产权	商品、存货、无形资产、金融资产
新西兰	新西兰排放单位	排放单位 = 个人财产 = 投资证券型资产	—
澳大利亚	排放单位	排放单位 = 个人财产	—
韩国	排放许可	许可 = 资产	—

五、小结

通过对碳排放权相关的理论回顾和对国内外法律及政策的实证研究可以看出，人们对碳排放权的概念、性质、内容和特征的认识存在分歧，给我国碳交易法规制度建设带来挑战。在全国碳市场顺利启动、让制度奔跑的同时，学界应多角度深入研究和论证碳排放权这个碳交易理论中的核心要素问题，为碳交易政策法规的制定提供科学的理论依据。

参考文献

[1]丁丁,潘方方.论碳排放权的法律属性[J].法学杂志,2012(9).

[2]中国清洁发展机制基金管理中心.碳配额管理与交易[M].北

京:经济科学出版社,2010.

[3]王慧.论碳排放权的特许性质[J].法制与社会发展,2017(6).

[4]石小叶.论碳排放权的用益物权属性[J].法制博览,2017(24).

[5]欧阳澍.碳排放制度的民法学思考[J].求索,2011(4).

[6]刘京.论碳排放权的财产属性[J].湖北社会科学,2013(1).

[7]叶勇飞.论碳排放权之用益物权属性[J].浙江大学学报(人文社会科学版),2013(6).

[8]王明远.论碳排放权的准物权和发展权属性[J].中国法学,2010(6).

[9]杜晨妍,李秀敏.论碳排放权的物权属性[J].东北师大学报(哲学社会科学版),2013(1).

[10]杜晨妍,等.论碳排放权的私法逻辑构造[J].东北师大学报(哲学社会科学版),2016(1).

[11]刘自俊,贾爱玲.论碳排放权的法律性质——准用益物权[J].环境污染与防治,2013(10).

[12]苏燕萍.论碳排放权的法律属性[J].上海金融学院学报,2012(2).

[13]苏亮瑜,谢晓闻.碳市场发展路径与功能实现:基于碳排放权的特殊性[J].广东财经大学学报,2017(1).

[14]乔海曙,刘小丽.碳排放权的金融属性[J].理论探索,2011(3).

[15]张彩平.碳排放权初始会计确认问题研究[J].会计之友,2011(20).

[16]Jacob & Brent.报告污染配额相关问题研究[Z].1996.

第十五章①

碳排放法律确权剖析

对碳排放权性质，特别是其法律性质的界定，是碳交易制度建设中的核心要素问题。然而由第十四章可见，对于碳排放权的概念和性质，无论在学术研究中，还是在国内外实践过程中，都呈现多样化内涵，难以归纳为统一的认识，由此为我国碳交易制度的法规建设带来挑战。本章进一步论述了碳排放权利认识的争议性，分析了碳排放权利化与非权利化面临的问题和可能产生的影响，提出了我国在建设全国性碳市场过程中，在碳排放法律确权方面应遵循的若干原则。

---

① 作者：郑爽。

一、引言

　　碳排放权概念起源于排污权。1968 年加拿大经济学家戴尔斯在其著作《污染、产权和价格》中提出，为了有效保护人类赖以生存的自然环境，应创设一种新型的财产权，这种财产权不是对环境的所有权，而是对环境的使用权，并将其命名为排污权（pollution right）①。戴尔斯提出，政府可以建立排污权市场，使排污企业能够进行排污权的买卖，以成本有效的方式达到排放要求。排污（放）权概念自此被经济学家们广泛接受，并于 20 世纪 90 年代开始应用于气候变化领域，形成了碳排放权概念。然而，环境经济学中的碳排放权通常指财产权，与法律上的财产权含义不同。若使碳排放权这种新型财产权成为法定权利，必须对法律意义上的排放权作出界定。

　　英美法系中，财产权是指"由社会规定的一组权利，这些权利的

---

① JH Dales. Pollution, Property & Prices [M]. University of Toronto Press, 1968.

所有者能够在法律的保护下，支配、使用其财产，并获得相应的收益，免遭他人干涉侵犯，从而使财产所有者有动力去运用这些财产从事经济活动，增进自己的福利"①。然而，在环境保护相关法规中将排污（放）权界定为法律上的财产权面临诸多难题，因此世界各国在实行污染物排放或碳排放交易制度过程中都没有规定排污（放）权，而是规定排放数量许可或排放配额。对排放许可或排放配额的法律性质界定也采取了谨慎方式。美国则在法规中明确了排放许可的非财产权性质。在国际层面，《联合国气候变化公约》下的《马拉喀什协议》在市场机制部分强调了："《京都议定书》既没有创立，也没有赋予附件1 缔约方任何排放量方面的任何权利、资格或权利资格。"②

中国在碳交易机制理论研究和政策实践中，虽然将碳排放认定为权利，但理论界和实务界的认识又存在明显差异。从法学理论角度，多数研究认为碳排放权是指对大气环境或环境容量的使用权，是财产性权利，并以此为前提论证排放权的法律确权，特别是物权化问题。但政策实践中，国家和部分碳交易试点地区的法规文件规定的碳排放权，是指向大气排放温室气体的权利。这种权利是自然法状态下的权利，并不必然生成法律上的排放权，更非环境容量的使用权。笔者认为，关于碳排放权的法律性质问题，首先应回答碳排放是否是权利这个长期存在争议的问题，然后对碳排放是否权利化存在的问题和可能的影响进行辩证分析，从而为我国的碳排放法律确权找到科学的原则和标准。

---

① 王雪梅，等. 西方经济学简史 [M]. 昆明：云南人民出版社，2005.
② FCCC/CP/2001/13/Add. 2.

二、碳排放是否是权利

在国内外学界和实务界，对于排污（放）是否应该是一种法律权利长期以来存在争议。从美国、欧盟等国的环境治理法规以及联合国框架下的气候协议中可以看出，在环境保护的规制中，法律从来就没有直接规定企业排放的权利。有法学者指出①，排放权不仅在司法实践中不存在，在法学理论上也难以成立。排放权的核心是义务本质而非权利本质也是法学界辩论的焦点。另外，排放权设立的道德基础也遭到环保组织的质疑。本节将就这三个方面进行深入讨论。

（一）法理质疑

将碳排放权规定为向大气排放温室气体的权利面临法理质疑。首先，权利主体设定不合理。个人呼吸和生产活动都会排放二氧化碳等温室气体，向自然环境排放温室气体是人类维持生命和进行生产活动的前提条件，是每个主体享有的应然性排放权利。若将这种自然权利规定为一项法律权利，则权利主体应具有普遍性，排放权应是每一个人和每一家企业拥有的权利。但按照当前政策法规，权利主体只是部分排放企业，而将其他企业和广大民众排除在外。如果从反证法角度，不受管制的企业和广大民众呼吸的排放难道就是非法排放？因此，对

---

① 刘卫先. 对"排污权"的几点质疑——以"排污权"交易为视角 [J]. 兰州学刊，2014（8）；胡炜. 法哲学视角下的碳排放交易制度 [M]. 北京：人民出版社，2013；刘鹏崇、李明华. 法权视角下的排污权再认识 [J]. 法治研究，2009（8）；孙蕾. 自然资源行政许可的法律本质探析 [J]. 河海大学学报（哲学社会科学版），2014（3）.

"向大气排放温室气体"这样的自然权利进行有区别的赋权不符合法律原则。

其次，碳排放权找不到相应的义务主体。法定权利是法律所允许的权利人为了满足自己的利益而以相对自由的作为或不作为的方式获得利益的一种手段，并有其他人的法律义务得到保证①。因此，在权利义务的法律关系中，权利和义务是相对应的，既没有无权利的义务，也没有无义务的权利。法律领域中不存在只有权利而没有相应义务主体的情况。权利主体权利的实现依赖义务主体义务的履行，或以义务主体不侵害其权利为前提。但"向大气排放温室气体的权利"在现实中找不到相应的义务主体，碳排放权既不依赖于义务人义务的履行，也无法判定非权利人的侵权行为。

（二）义务本质

法律上的权利是指法律保护的权力和利益。但碳交易制度通过设定总量控制目标、分配碳排放权或配额并允许交易，其目的首先是规定企业的量化排放额度，限制其碳排放行为，而不是保护企业排放的权力和利益，这里的碳排放权利的法律含义与政策目的之间产生了矛盾。从本质上讲，企业不具有对公有环境资源和容量进行破坏、污染和排放的权利。放眼我国及世界各国制定的环境法律法规，其根本目的是保障公民的生命权和适宜环境权，而这些权利都是通过规定企业等排污、排放主体的法定义务来实现的。

碳交易制度是一种以灵活市场机制进行气候治理的手段，相对于

---

① 沈宗灵. 法律学 [M]. 北京：高等教育出版社，2002：387.

传统的强制命令性管制，只是调控的机制和手段发生了变化，并没有改变环境政策限制、控制企业碳排放的法律性质。碳交易制度是对企业施加了控制和减少碳排放的义务，而非授予其排放的权利和保护其排放的利益。因此，一些法学者指出，碳交易制度中的排放权不应从法律上肯定和张扬为一种权利，更应体现受管制企业控制碳排放的义务和责任性质。

（三）道德质疑

若将碳排放视为大气环境（容量）的使用权，并作为财产权设立也面临考量。首先，它受到公共资源私有化的批评。空气、水、阳光等自然环境资源构成了人类生存的基本条件，对生态系统和人类社会的生产生活有着极其重要的意义，具有公共性和公益性，是人类的共享资源和共同财产。而碳交易制度通过碳排放权的设立将公共资源转变为私有的财产权，并且可以免费分配到污染排放企业。这些企业向大气排放温室气体破坏了大气环境资源和容量，导致气候变化和全球变暖问题，但却能够免费使用公共资源，甚至可以从中获利，这让环保组织和公众从伦理道德上难以接受。

其次，权利通常是符合自然理性、道德观念的，代表正当性和积极意义的价值追求。一项权利被法定化是对法律和道德上认可的价值的肯定，并从权利主体的积极行权中得以体现。因此，拥有清洁空气、适宜环境以及不受人为气候变化和全球变暖问题的伤害应是人类的正当性权利，而污染排放（包括碳交易制度覆盖企业的碳排放行为）是负面行为，将其规定为正当性权利是与法律和道德标准背道而驰的。将企业碳排放内在的负面性与权利这样的正面价值概念相结合而缔造的碳排放权，容易产生价值误导。

三、权利化面临的问题

一般认为，将碳排放权界定为财产性法定权利会有利于碳交易市场的流通和运行，确保市场的法律确定性。我国法学者认为碳排放权是对大气环境（容量）的使用权，并将这种使用权置于我国民法体系财产权中的物权类财产，分别以大陆法系解释论和立法论思路研究了碳排放权的私权和公私权混合性质，形成了将碳排放权界定为用益物权①、准物权②、准用益物权③、特许物权④等多种观点，以前两者影响最大。但是，将碳排放权界定为物权类财产面临着法律和政策实施方面的障碍。

（一）物权化的障碍

第一，确定碳排放权的客体存在困难。根据物权法原理，物权的客体主要是有体物，具有独立性和特定性⑤，以满足物权的可支配性和排他性功能。但是碳排放权的客体大气环境（容量），其存续具有

---

① 石小叶．论碳排放权的用益物权属性［J］．法制博览，2017（24）；欧阳澍．碳排放制度的民法学思考［J］．求索，2011（4）；刘京．论碳排放权的财产属性［J］．湖北社会科学，2013（1）；叶勇飞．论碳排放权之用益物权属性［J］．浙江大学学报（人文社会科学版），2013（5）．

② 王明远．论碳排放权的准物权和发展权属性［J］．中国法学，2010（6）；杜晨妍，李秀敏．论碳排放权的物权属性［J］．东北师大学报（哲学社会科学版），2013（1）；杜晨妍，李秀敏．论碳排放权的私法逻辑构造［J］．东北师大学报（哲学社会科学版），2016（1）．

③ 刘自俊，贾爱玲．论碳排放权的法律性质——准用益物权［J］．环境污染与防治，2013（10）．

④ 苏燕萍．论碳排放权的法律属性［J］．上海金融学院学报，2012（2）．

⑤ 王利明．物权法研究［M］．北京：中国人民大学出版社，2002．

时间性、流动性、无形性和极大的不确定性、不可分割性，个体性格难以确定，难以成为物权客体。虽然学者们试图论证大气环境（容量）具有独立性、可感知性、可确定性等物化特征，排放配额作为排放权的凭证可以解决物的可支配性、特定性和独立性问题，但是大气环境（容量）的客体化尚缺乏完整的理论构建和环境科学的有力支撑，大气环境（容量）是否可以成为权利客体的"物"没有形成定论。

第二，客体的所有权确定有争议。无论将碳排放权界定为用益物权还是准物权，都属于他物权，需要寻找其母权，即碳排放权客体——大气环境（容量）的所有权。由于国家法律对此没有规定，一些学者依据《宪法》第9条、《民法通则》第81条以及《物权法》第48条等，推证国家是大气环境（容量）的所有者。但是大气环境是共有物，大气环境（容量）存在全球一体性、无形性、流动性和全球大气环境变化的科学不确定性等特征，其所有权的排他性支配权在现实中无法实现，因此没有任何一类主体可以拥有对大气环境（容量）的所有权①，目前也没有任何国家的法律做出大气环境资源属于国家主权控制和管辖方面的规定。

第三，物权法定原则带来的立法实践困难。大气环境（容量）使用权无论作为用益物权还是准物权，按照我国物权法定原则，均需要在《物权法》上得到承认和保护。在立法体系中，首先需要在《宪法》和《民法通则》有关条款中明确大气环境容量是一种资源，规定

① 丁丁，潘方方．论碳排放权的法律属性［J］．法学杂志，2012（9）．

其所有权属。其次在《物权法》中做出概括性规定，若界定为准物权还需要制定特别法对这种权利的具体内容做出详细规定①。这不仅需要修订现行法律，还要进行单独立法，法律程序复杂，周期长，是碳排放权确权面临的实际障碍。

（二）如何调整环境目标

虽然将碳排放认定为财产权有利于交易市场运行，但也意味着财产权的持有者受到法律保护。财产性权利可以对抗政府的管制，不经过正当程序或法定事项，政府不得轻易限制公民的财产权。政府如果调整排放权就是对控排企业的物权进行征用，需要对排放权的所有者进行补偿。然而，碳交易机制运行过程中将不可避免地对配额总量目标和企业个体配额进行调整。

首先，气候变化具有不确定性，大气温室气体容量和效应也在不断发生变化。随着人类对大气环境的认识不断发展和深入，政府需要根据最新科学信息和科技的进步，及时调整气候变化政策，制定经济上可行、效果上适宜的温室气体排放总量目标。理想的碳交易制度必须具备根据最新科学信息灵活调整碳排放权总量的能力。另外，减排初期通常过于宽松的排放限额以及宏观环境变化等因素也需要管理部门在减排过程中不断修正排放限额，并无须对持有者进行补偿。

---

① 郭冬梅. 中国碳排放权交易制度构建的法律问题研究 [M]. 北京：群众出版社，2015；韩良. 国际温室气体排放权交易法律问题研究 [M]. 北京：中国法制出版社，2009.

其次，控排企业如果出现合并、分立、关停、解散和跨区迁移等情况变化时，其持有配额的分割、承继和收回等配额变化，都需要政府重新进行核定或事后调整。若将排放权视为个人财产，以上情况都将会限制政府创设、取消和调整碳排放权的权力，进而损害碳交易制度发挥保护环境的作用。

四、非权利化的政策效果

排放交易制度的核心是环境容量资源的财产权化，从而能够激励企业以低成本减少排放。因此，确定排放权的法律性质（即财产权性质）被视为交易市场建立的基础和前提，财产权性质的界定将直接影响排放控制目标的实现和交易市场的健康发展。然而，一些国家对排放权法律性质的界定采取了谨慎方式，要么明确规定排放配额不具有财产权的法律地位和性质，要么对配额的性质不置可否，回避规定其法律性质，但这并没有妨碍排放（污）交易政策取得良好的社会、环境和经济效果。

（一）社会和环境效益

在排放交易理论和实践的发源地美国，虽然反其道而行之，明确规定排放配额不具有财产权性质，但排放（污）交易政策仍然取得了满意的环境效果。以联邦酸雨计划 SO_2 排污交易制度为例，该政策实施 20 多年来，SO_2 排放量从 1990 年的 1570 万吨降至 2015 年的 220 万吨，降幅达 86%。根据美国环保局测算，2010 年政策净效益高达

12000 亿美元, 2020 年将达到 19000 亿美元①, 取得了巨大成功。也正是因为美国 SO_2 排污交易制度最初几年就取得显著成效, 才催生了《京都议定书》的市场机制以及欧盟等区域、国家和地方层面的碳交易制度遍地开花。

同时, 将排放许可定性为非财产和政府授权性质保障了政府管理和控制环境目标的能力。以美国东北部电力部门碳交易计划 (RGGI) 为例, 由于 RGGI 第一期面临排放许可过剩、价格不断走低的问题, 主管部门果断将第二期末 2014 年开始的排放许可总量从上一年的 1.6 亿短吨大幅削减至 0.91 亿短吨②, 下调幅度达 43%; 之后又进一步削减各年配额总量, 从而维护了碳交易政策的环境效果, 提振了市场。相比之下, 欧盟碳交易体系第二期和第三期排放许可严重过剩, 累计高达 20 亿吨以上, 迫切需要大幅度削减配额数量。但部分由于欧盟及其成员国普遍将碳排放许可视为财产, 使欧盟难以对许可数量进行调整。最终只能推迟拍卖部分许可, 过剩的排放许可最终仍将回到市场, 因此难以维护政策的有效性和合理的碳价。

(二) 经济效益

美国虽然在法律上不承认排放许可的财产权性质, 但还是给予配额持有者充分的安全保护, 包括持有者对配额的持有、处置和使用的充分权利③, 管理机构表示将像对待财产权一样对待排放配额, 除非

---

① USEPA, Program Progress—Cross – State Air Pollution Rule and Acid Rain Program [Z]. 2015; USEPA. The Benefits and Costs of the Clean Air Act from 1990 to 2020 [Z]. 2011.

② 1 短吨 = 0.907 吨。

③ 李仁真, 曾冠. 碳排放权的法律性质探析 [J]. 金融服务法评论, 2011 (1).

出现紧急情况①。这些有力的配套措施能够保障交易市场的有效运行，因此配额交易市场的活跃度并未受到损害。以 RGGI 为例，在排放许可分配几乎全部为一级市场拍卖，而其年度许可总量仅为 0.91 亿短吨的情况下，2015 年其二级市场的现货交易量和期货量仍分别达到 1.28 亿短吨和 2.06 亿短吨②，形成了活跃的交易市场。相比之下，我国碳交易试点之一的上海市，其年度配额量约 1.5 亿吨，2015 年交易量仅 294 万吨左右③。

五、如何处理确权问题

关于排放权概念及其法律确权问题，目前无论是理论研究还是政策实践领域都存在争议和分歧。在碳交易制度的法规建设过程中，对于如何处理碳排放确权问题，有必要确立若干原则，对确权的正当性、必要性、便捷性和阶段性等方面进行考量，从而形成科学决策的基础依据。

（一）正当性原则

碳排放的法律确权首先应满足正当性原则，即该权利的设立是正当合理的。这种正当性包括三个方面，即法理正当、伦理正当和科学正当。上文采用比较法与分析法对政策实践中"向大气排放温室气体的权利"的排放权利说，以及"对大气环境容量的使用权"为基础的

① 丹尼尔·H. 科尔. 污染与财产权——环境保护的所有权制度比较研究 [M]. 北京：北京大学出版社，2009：58.
② Report on the secondary market for RGGI CO$_2$ allowances 2015 [R].
③ 郑爽，孙峥. 论碳交易试点的碳价形成机制 [J]. 中国碳源，2017 (4).

物权说进行了学理、道德和科学性等方面的逻辑分析。其中排放权利说缺乏法理和道德基础，物权说面临法理和科学性的障碍，并且两类权利说都违反了我国环境法规对各类排污、排放主体的义务要求本质。因此，排放交易制度的法律构建不适宜以排放主体排放或对环境容量使用的权利为基础，排放交易制度应遵循义务本位而非权利本位设立。

其次，交易制度中设置的可交易的排放配额具有典型的财产权性质，其明确的法律性质能给予市场主体法律上的安全感和确定性，提高市场透明度，保证参与者对交易市场的信心，有利于交易市场的健康有序发展。因此，界定排放配额的法律性质应作为碳交易制度法规建设的重要内容。

（二）必要性原则

然而，对于排放配额财产性权利的确立应考虑目前是否有必要性。一般来说，碳排放产权的界定是碳交易市场建立的基础，能够支持、保障和促进交易的顺利进行。而且该权利还直接影响它在破产法、税法、金融法、会计法和行政法中的地位。然而，碳排放交易制度是一个综合体制，为保障政策目标的实现，需要总量制定、配额分配方法确定、配额分配、强制报告、核查和配额清缴、交易市场、监督管理等多项制度安排和保障，财产制度只提供单一维度的保护，不是取得政策有效性的单一路径和唯一保证。发达国家的实践经验也说明，总量控制是环境效应实现的保障，不以财产权创设为必要。

（三）便捷性原则

是否对碳排放配额进行财产权的法律界定还需要考虑实施的便捷

性和政策可控性，即财产权的法律确认可以顺利地实施并且能够满足环境目标的要求。上文分析指出，排放交易制度中的排放配额是一种新型物权，若精确地界定其法律性质，需要对原来的法律体系及制度做出相应调整，现有的物权法与环境保护法等都需要修正或创设新的法律制度与之相适应，需要较长周期。另外，配额的财产权界定还将给政府管理环境目标带来困难，破坏监管者创制和取消这些权利的灵活性，使排放配额数量不可控，由此可能对环境目标的实现产生不利影响。因此，当前将排放配额界定为财产权面临法律实践和政策实施上的困难和障碍。

（四）阶段性原则

排放配额的法律性质确认还应该反映我国的社会、经济、法律和环境保护发展状况，顺应历史不同发展阶段的需要，采取阶段性原则，以满足当前需求为主，为未来留下扩展空间。碳交易制度在中国是一项重大的体制机制创新，其理论研究和实践尚处于初级阶段。即将建立的全国性碳交易市场将经过逐步发展的过程，包括从控排企业达标排放义务为主阶段逐渐过渡到享有对环境资源利用的权利阶段，从配额现货交易阶段发展到配额期货等金融衍生品交易市场阶段。在全国碳排放交易体制建立、稳定和成熟的过程中，政府与市场的各自作用将更加清晰，市场参与者也将更充分地探索其拥有的权利及其界限，这些都将为碳排放权利的界定提供更加科学合理的理论和实践依据。

综上所述，在碳排放确权问题上，应遵循正当性、必要性、便捷性和阶段性原则，对碳排放是否赋予权利采取慎重做法。现阶段宜搁置权利认定，回归碳交易政策是实现温室气体排放控制目标，而对控排企业进行排放责任和义务要求的本质，体现气候政策积极正向的价值导向。应继续加强跨学科领域研究，深入论证碳排放配额的法律性质，使排放配额的法律确权助力碳交易制度实现环境效益、社会效益和经济效益的统一。

参考文献

[1]孙蕾.自然资源行政许可的法律本质探析[J].河南大学学报,2014(9).

[2]刘卫先.对"排污权"的几点质疑——以"排污权"交易为视角[J].兰州学刊,2014(8).

[3]夏梓耀,等.京津冀碳金融市场建设的法制保障研究[J].华北金融,2018(3).

[4]崔建远.准物权的理论问题[J].中国法学,2003(3).

[5]王慧.论碳排放权的特许权本质[J].法制与社会发展,2017(6).

[6]李仁真,等.碳排放权的法律性质探析[A]//金融服务法评论(第二卷)[M].北京:法律出版社,2011.

[7]彭本利,李爱年.排污权交易法律制度理论与实践[M].北京:法律出版社,2017.

[8]朱家贤.环境金融法研究[M].北京:法律出版社,2009.

[9]郭冬梅.中国碳排放权交易制度构建的法律问题研究[M].北京:群众出版社,2015.

[10]郭锋.金融服务法评论[M].北京:法律出版社,2016.

[11]曹明德,等.中国碳排放交易法律制度研究[M].北京:中国政法大学出版社,2016.

[12]胡春冬.排污权交易的基本法律问题研究[Z].

[13]李仁真,曾冠.碳排放权的法律性质探析[J].金融服务法评论,2011(1).

[14]王燕,张磊.碳排放交易法律保障机制的本土化研究[M].北京:法律出版社,2016.

[15]王小龙.排污权交易研究——一个环境法学的视角[M].北京:法律出版社,2008.

附　录

附录一
中华人民共和国国家发展和改革委员会令
第 17 号

为落实党的十八届三中全会决定、"十二五"规划《纲要》和国务院《"十二五"控制温室气体排放工作方案》的要求，推动建立全国碳排放权交易市场，我委组织起草了《碳排放权交易管理暂行办法》。现予以发布，自发布之日起 30 日后施行。

附件：碳排放权交易管理暂行办法

2014 年 12 月 10 日

碳排放权交易管理暂行办法

第一章　总则

第一条　为推进生态文明建设，加快经济发展方式转变，促进体制机制创新，充分发挥市场在温室气体排放资源配置中的决定性作用，加强对温室气体排放的控制和管理，规范碳排放权交易市场的建设和运行，制定本办法。

第二条　在中华人民共和国境内，对碳排放权交易活动的监督和管理，适用本办法。

第三条　本办法所称碳排放权交易，是指交易主体按照本办法开展的排放配额和国家核证自愿减排量的交易活动。

第四条　碳排放权交易坚持政府引导与市场运作相结合，遵循公开、公平、公正和诚信原则。

第五条　国家发展和改革委员会是碳排放权交易的国务院碳交易主管部门（以下称国务院碳交易主管部门），依据本办法负责碳排放权交易市场的建设，并对其运行进行管理、监督和指导。

各省、自治区、直辖市发展和改革委员会是碳排放权交易的省级碳交易主管部门（以下称省级碳交易主管部门），依据本办法对本行政区域内的碳排放权交易相关活动进行管理、监督和指导。

其他各有关部门应按照各自职责，协同做好与碳排放权交易相关的管理工作。

第六条　国务院碳交易主管部门应适时公布碳排放权交易纳入的温室气体种类、行业范围和重点排放单位确定标准。

第二章　配额管理

第七条　省级碳交易主管部门应根据国务院碳交易主管部门公布的重点排放单位确定标准，提出本行政区域内所有符合标准的重点排放单位名单并报国务院碳交易主管部门，国务院碳交易主管部门确认后向社会公布。

经国务院碳交易主管部门批准，省级碳交易主管部门可适当扩大碳排放权交易的行业覆盖范围，增加纳入碳排放权交易的重点排放单位。

第八条　国务院碳交易主管部门根据国家控制温室气体排放目标

的要求，综合考虑国家和各省、自治区和直辖市温室气体排放、经济增长、产业结构、能源结构，以及重点排放单位纳入情况等因素，确定国家以及各省、自治区和直辖市的排放配额总量。

第九条　排放配额分配在初期以免费分配为主，适时引入有偿分配，并逐步提高有偿分配的比例。

第十条　国务院碳交易主管部门制定国家配额分配方案，明确各省、自治区、直辖市免费分配的排放配额数量、国家预留的排放配额数量等。

第十一条　国务院碳交易主管部门在排放配额总量中预留一定数量，用于有偿分配、市场调节、重大建设项目等。有偿分配所取得的收益，用于促进国家减碳以及相关的能力建设。

第十二条　国务院碳交易主管部门根据不同行业的具体情况，参考相关行业主管部门的意见，确定统一的配额免费分配方法和标准。

各省、自治区、直辖市结合本地实际，可制定并执行比全国统一的配额免费分配方法和标准更加严格的分配方法和标准。

第十三条　省级碳交易主管部门依据第十二条确定的配额免费分配方法和标准，提出本行政区域内重点排放单位的免费分配配额数量，报国务院碳交易主管部门确定后，向本行政区域内的重点排放单位免费分配排放配额。

第十四条　各省、自治区和直辖市的排放配额总量中，扣除向本行政区域内重点排放单位免费分配的配额量后剩余的配额，由省级碳交易主管部门用于有偿分配。有偿分配所取得的收益，用于促进地方减碳以及相关的能力建设。

第十五条 重点排放单位关闭、停产、合并、分立或者产能发生重大变化的,省级碳交易主管部门可根据实际情况,对其已获得的免费配额进行调整。

第十六条 国务院碳交易主管部门负责建立和管理碳排放权交易注册登记系统(以下称注册登记系统),用于记录排放配额的持有、转移、清缴、注销等相关信息。注册登记系统中的信息是判断排放配额归属的最终依据。

第十七条 注册登记系统为国务院碳交易主管部门和省级碳交易主管部门、重点排放单位、交易机构和其他市场参与方等设立具有不同功能的账户。参与方根据国务院碳交易主管部门的相应要求开立账户后,可在注册登记系统中进行配额管理的相关业务操作。

第三章 排放交易

第十八条 碳排放权交易市场初期的交易产品为排放配额和国家核证自愿减排量,适时增加其他交易产品。

第十九条 重点排放单位及符合交易规则规定的机构和个人(以下称交易主体),均可参与碳排放权交易。

第二十条 国务院碳交易主管部门负责确定碳排放权交易机构并对其业务实施监督。具体交易规则由交易机构负责制定,并报国务院碳交易主管部门备案。

第二十一条 第十八条规定的交易产品的交易原则上应在国务院碳交易主管部门确定的交易机构内进行。

第二十二条 出于公益等目的,交易主体可自愿注销其所持有的排放配额和国家核证自愿减排量。

第二十三条　国务院碳交易主管部门负责建立碳排放权交易市场调节机制，维护市场稳定。

第二十四条　国家确定的交易机构的交易系统应与注册登记系统连接，实现数据交换，确保交易信息能及时反映到注册登记系统中。

第四章　核查与配额清缴

第二十五条　重点排放单位应按照国家标准或国务院碳交易主管部门公布的企业温室气体排放核算与报告指南的要求，制定排放监测计划并报所在省、自治区、直辖市的省级碳交易主管部门备案。

重点排放单位应严格按照经备案的监测计划实施监测活动。监测计划发生重大变更的，应及时向所在省、自治区、直辖市的省级碳交易主管部门提交变更申请。

第二十六条　重点排放单位应根据国家标准或国务院碳交易主管部门公布的企业温室气体排放核算与报告指南，以及经备案的排放监测计划，每年编制其上一年度的温室气体排放报告，由核查机构进行核查并出具核查报告后，在规定时间内向所在省、自治区、直辖市的省级碳交易主管部门提交排放报告和核查报告。

第二十七条　国务院碳交易主管部门会同有关部门，对核查机构进行管理。

第二十八条　核查机构应按照国务院碳交易主管部门公布的核查指南开展碳排放核查工作。重点排放单位对核查结果有异议的，可向省级碳交易主管部门提出申诉。

第二十九条　省级碳交易主管部门应当对以下重点排放单位的排放报告与核查报告进行复查，复查的相关费用由同级财政予以安排：

（一）国务院碳交易主管部门要求复查的重点排放单位；

（二）核查报告显示排放情况存在问题的重点排放单位；

（三）除（一）、（二）规定以外一定比例的重点排放单位。

第三十条　省级碳交易主管部门应每年对其行政区域内所有重点排放单位上年度的排放量予以确认，并将确认结果通知重点排放单位。经确认的排放量是重点排放单位履行配额清缴义务的依据。

第三十一条　重点排放单位每年应向所在省、自治区、直辖市的省级碳交易主管部门提交不少于其上年度经确认排放量的排放配额，履行上年度的配额清缴义务。

第三十二条　重点排放单位可按照有关规定，使用国家核证自愿减排量抵消其部分经确认的碳排放量。

第三十三条　省级碳交易主管部门每年应对其行政区域内重点排放单位上年度的配额清缴情况进行分析，并将配额清缴情况上报国务院碳交易主管部门。国务院碳交易主管部门应向社会公布所有重点排放单位上年度的配额清缴情况。

第五章　监督管理

第三十四条　国务院碳交易主管部门应及时向社会公布如下信息：纳入温室气体种类，纳入行业，纳入重点排放单位名单，排放配额分配方法，排放配额使用、存储和注销规则，各年度重点排放单位的配额清缴情况，推荐的核查机构名单，经确定的交易机构名单等。

第三十五条　交易机构应建立交易信息披露制度，公布交易行情、成交量、成交金额等交易信息，并及时披露可能影响市场重大变动的相关信息。

第三十六条　国务院碳交易主管部门对省级碳交易主管部门业务工作进行指导，并对下列活动进行监督和管理：

（一）核查机构的相关业务情况；

（二）交易机构的相关业务情况。

第三十七条　省级碳交易主管部门对碳排放权交易进行监督和管理的范围包括：

（一）辖区内重点排放单位的排放报告、核查报告报送情况；

（二）辖区内重点排放单位的配额清缴情况；

（三）辖区内重点排放单位和其他市场参与者的交易情况。

第三十八条　国务院碳交易主管部门和省级碳交易主管部门应建立重点排放单位、核查机构、交易机构和其他从业单位和人员参加碳排放交易的相关行为信用记录，并纳入相关的信用管理体系。

第三十九条　对于严重违法失信的碳排放权交易的参与机构和人员，国务院碳交易主管部门建立"黑名单"并依法予以曝光。

第六章　法律责任

第四十条　重点排放单位有下列行为之一的，由所在省、自治区、直辖市的省级碳交易主管部门责令限期改正，逾期未改的，依法给予行政处罚。

（一）虚报、瞒报或者拒绝履行排放报告义务；

（二）不按规定提交核查报告。

逾期仍未改正的，由省级碳交易主管部门指派核查机构测算其排放量，并将该排放量作为其履行配额清缴义务的依据。

第四十一条　重点排放单位未按时履行配额清缴义务的，由所在省、自治区、直辖市的省级碳交易主管部门责令其履行配额清缴义务；逾期仍不履行配额清缴义务的，由所在省、自治区、直辖市的省级碳交易主管部门依法给予行政处罚。

第四十二条　核查机构有下列情形之一的，由其注册所在省、自治区、直辖市的省级碳交易主管部门依法给予行政处罚，并上报国务院碳交易主管部门；情节严重的，由国务院碳交易主管部门责令其暂停核查业务；给重点排放单位造成经济损失的，依法承担赔偿责任；构成犯罪的，依法追究刑事责任。

（一）出具虚假、不实核查报告；

（二）核查报告存在重大错误；

（三）未经许可擅自使用或者公布被核查单位的商业秘密；

（四）其他违法违规行为。

第四十三条　交易机构及其工作人员有下列情形之一的，由国务院碳交易主管部门责令限期改正；逾期未改正的，依法给予行政处罚；给交易主体造成经济损失的，依法承担赔偿责任；构成犯罪的，依法追究刑事责任。

（一）未按照规定公布交易信息；

（二）未建立并执行风险管理制度；

（三）未按照规定向国务院碳交易主管部门报送有关信息；

（四）开展违规的交易业务；

（五）泄露交易主体的商业秘密；

（六）其他违法违规行为。

第四十四条　对违反本办法第四十条至第四十一条规定而被处罚

的重点排放单位，省级碳交易主管部门应向工商、税务、金融等部门通报有关情况，并予以公告。

第四十五条 国务院碳交易主管部门和省级碳交易主管部门及其工作人员，未履行本办法规定的职责，玩忽职守、滥用职权、利用职务便利牟取不正当利益或者泄露所知悉的有关单位和个人的商业秘密的，由其上级行政机关或者监察机关责令改正；情节严重的，依法给予行政处罚；构成犯罪的，依法追究刑事责任。

第四十六条 碳排放权交易各参与方在参与本办法规定的事务过程中，以不正当手段谋取利益并给他人造成经济损失的，依法承担赔偿责任；构成犯罪的，依法追究刑事责任。

第七章 附则

第四十七条 本办法中下列用语的含义：

温室气体：是指大气中吸收和重新放出红外辐射的自然和人为的气态成分，包括二氧化碳（CO_2）、甲烷（CH_4）、氧化亚氮（N_2O）、氢氟碳化物（HFCs）、全氟化碳（PFCs）、六氟化硫（SF_6）和三氟化氮（NF_3）。

碳排放：是指煤炭、天然气、石油等化石能源燃烧活动和工业生产过程以及土地利用、土地利用变化与林业活动产生的温室气体排放，以及因使用外购的电力和热力等所导致的温室气体排放。

碳排放权：是指依法取得的向大气排放温室气体的权利。

排放配额：是政府分配给重点排放单位指定时期内的碳排放额度，是碳排放权的凭证和载体。1 单位配额相当于 1 吨二氧化碳当量。

重点排放单位：是指满足国务院碳交易主管部门确定的纳入碳排

放权交易标准且具有独立法人资格的温室气体排放单位。

国家核证自愿减排量：是指依据国家发展和改革委员会发布施行的《温室气体自愿减排交易管理暂行办法》的规定，经其备案并在国家注册登记系统中登记的温室气体自愿减排量，简称 CCER。

第四十八条　本办法自公布之日起 30 日后施行。

附录二

国家发展改革委关于印发《全国碳排放权交易市场建设方案（发电行业）》的通知

发改气候规〔2017〕2191号

各省、自治区、直辖市及计划单列市人民政府，新疆生产建设兵团，外交部、教育部、科技部、工业和信息化部、民政部、财政部、国土资源部、环境保护部、住房城乡建设部、交通运输部、水利部、农业部、商务部、卫生计生委、国资委、税务总局、质检总局、统计局、林业局、国管局、法制办、中科院、气象局、海洋局、铁路局、民航局、人民银行、证监会、银监会、认监委：

为贯彻落实党中央、国务院关于建立全国碳排放权交易市场的决策部署，稳步推进全国碳排放权交易市场建设，经国务院同意，现将《全国碳排放权交易市场建设方案（发电行业）》印发你们，请按照执行。

附件：全国碳排放权交易市场建设方案（发电行业）

国家发展改革委

2017 年 12 月 18 日

全国碳排放权交易市场建设方案（发电行业）

建立碳排放权交易市场，是利用市场机制控制温室气体排放的重大举措，也是深化生态文明体制改革的迫切需要，有利于降低全社会减排成本，有利于推动经济向绿色低碳转型升级。为扎实推进全国碳排放权交易市场（以下简称"碳市场"）建设工作，确保 2017 年顺利启动全国碳排放交易体系，根据《中华人民共和国国民经济和社会发展第十三个五年规划纲要》和《生态文明体制改革总体方案》，制定本方案。

一、总体要求

（一）指导思想

深入贯彻落实党的十九大精神，高举中国特色社会主义伟大旗帜，坚持以习近平新时代中国特色社会主义思想为指导，紧紧围绕统筹推进"五位一体"总体布局和协调推进"四个全面"战略布局，牢固树立创新、协调、绿色、开放、共享的发展理念，认真落实党中央、国务院关于生态文明建设的决策部署，充分发挥市场机制对控制温室气体排放的作用，稳步推进建立全国统一的碳市场，为我国有效控制和逐步减少碳排放，推动绿色低碳发展作出新贡献。

（二）基本原则

坚持市场导向、政府服务。贯彻落实简政放权、放管结合、优化服务的改革要求，以企业为主体，以市场为导向，强化政府监管和服务，充分发挥市场对资源配置的决定性作用。

坚持先易后难、循序渐进。按照国家生态文明建设和控制温室气体排放的总体要求，在不影响经济平稳健康发展的前提下，分阶段、有步骤地推进碳市场建设。在发电行业（含热电联产，下同）率先启动全国碳排放交易体系，逐步扩大参与碳市场的行业范围，增加交易品种，不断完善碳市场。

坚持协调协同、广泛参与。统筹国际、国内两个大局，统筹区域、行业可持续发展与控制温室气体排放需要，按照供给侧结构性改革总体部署，加强与电力体制改革、能源消耗总量和强度"双控"、大气污染防治等相关政策措施的协调。持续优化完善碳市场制度设计，充分调动部门、地方、企业和社会积极性，共同推进和完善碳市场建设。

坚持统一标准、公平公开。统一市场准入标准、配额分配方法和有关技术规范，建设全国统一的排放数据报送系统、注册登记系统、交易系统和结算系统等市场支撑体系。构建有利于公平竞争的市场环境，及时准确披露市场信息，全面接受社会监督。

（三）目标任务

坚持将碳市场作为控制温室气体排放政策工具的工作定位，切实防范金融等方面风险。以发电行业为突破口率先启动全国碳排放交易体系，培育市场主体，完善市场监管，逐步扩大市场覆盖范围，丰富交易品种和交易方式。逐步建立起归属清晰、保护严格、流转顺畅、监管有效、公开透明、具有国际影响力的碳市场。配额总量适度从紧、价格合理适中，有效激发企业减排潜力，推动企业转型升级，实现控制温室气体排放目标。自本方案印发之后，分三阶段稳步推进碳市场建设工作。

基础建设期。用一年左右的时间，完成全国统一的数据报送系统、注册登记系统和交易系统建设。深入开展能力建设，提升各类主体参与能力和管理水平。开展碳市场管理制度建设。

模拟运行期。用一年左右的时间，开展发电行业配额模拟交易，全面检验市场各要素环节的有效性和可靠性，强化市场风险预警与防控机制，完善碳市场管理制度和支撑体系。

深化完善期。在发电行业交易主体间开展配额现货交易。交易仅以履约（履行减排义务）为目的，履约部分的配额予以注销，剩余配额可跨履约期转让、交易。在发电行业碳市场稳定运行的前提下，逐步扩大市场覆盖范围，丰富交易品种和交易方式。创造条件，尽早将国家核证自愿减排量纳入全国碳市场。

二、市场要素

（四）交易主体。初期交易主体为发电行业重点排放单位。条件成熟后，扩大至其他高耗能、高污染和资源性行业。适时增加符合交易规则的其他机构和个人参与交易。

（五）交易产品。初期交易产品为配额现货，条件成熟后增加符合交易规则的国家核证自愿减排量及其他交易产品。

（六）交易平台。建立全国统一、互联互通、监管严格的碳排放权交易系统，并纳入全国公共资源交易平台体系管理。

三、参与主体

（七）重点排放单位。发电行业年度排放达到 2.6 万吨二氧化碳当量（综合能源消费量约 1 万吨标准煤）及以上的企业或者其他经济组织为重点排放单位。年度排放达到 2.6 万吨二氧化碳当量及以上的其他行业自备电厂视同发电行业重点排放单位管理。在此基础上，逐步扩大重点排放单位范围。

（八）监管机构。国务院发展改革部门与相关部门共同对碳市场实施分级监管。国务院发展改革部门会同相关行业主管部门制定配额分配方案和核查技术规范并监督执行。各相关部门根据职责分工分别对第三方核查机构、交易机构等实施监管。省级、计划单列市应对气候变化主管部门监管本辖区内的数据核查、配额分配、重点排放单位履约等工作。各部门、各地方各司其职、相互配合，确保碳市场规范有序运行。

（九）核查机构。符合有关条件要求的核查机构，依据核查有关规定和技术规范，受委托开展碳排放相关数据核查，并出具独立核查报告，确保核查报告真实、可信。

四、制度建设

（十）碳排放监测、报告与核查制度。国务院发展改革部门会同相关行业主管部门制定企业排放报告管理办法、完善企业温室气体核算报告指南与技术规范。各省级、计划单列市应对气候变化主管部门组织开展数据审定和报送工作。重点排放单位应按规定及时报告碳排放数据。重点排放单位和核查机构须对数据的真实性、准确性和完整性负责。

（十一）重点排放单位配额管理制度。国务院发展改革部门负责制定配额分配标准和办法。各省级及计划单列市应对气候变化主管部门按照标准和办法向辖区内的重点排放单位分配配额。

重点排放单位应当采取有效措施控制碳排放，并按实际排放清缴配额（"清缴"是指清理应缴未缴配额的过程）。省级及计划单列市应对气候变化主管部门负责监督清缴，对逾期或不足额清缴的重点排放单位依法依规予以处罚，并将相关信息纳入全国信用信息共享平台实施联合惩戒。

（十二）市场交易相关制度。国务院发展改革部门会同相关部门制定碳排放权市场交易管理办法，对交易主体、交易方式、交易行为以及市场监管等进行规定，构建能够反映供需关系、减排成本等因素的价格形成机制，建立有效防范价格异常波动的调节机制和防止市场操纵的风险防控机制，确保市场要素完整、公开透明、运行有序。

五、发电行业配额管理

（十三）配额分配。发电行业配额按国务院发展改革部门会同能源部门制定的分配标准和方法进行分配（发电行业配额分配标准和方法另行制定）。

（十四）配额清缴。发电行业重点排放单位需按年向所在省级、计划单列市应对气候变化主管部门提交与其当年实际碳排放量相等的配额，以完成其减排义务。其富余配额可向市场出售，不足部分需通过市场购买。

六、支撑系统

（十五）重点排放单位碳排放数据报送系统。建设全国统一、分级管理的碳排放数据报送信息系统，探索实现与国家能耗在线监测系统的连接。

（十六）碳排放权注册登记系统。建设全国统一的碳排放权注册登记系统及其灾备系统，为各类市场主体提供碳排放配额和国家核证自愿减排量的法定确权及登记服务，并实现配额清缴及履约管理。国务院发展改革部门负责制定碳排放权注册登记系统管理办法与技术规范，并对碳排放权注册登记系统实施监管。

（十七）碳排放权交易系统。建设全国统一的碳排放权交易系统及其灾备系统，提供交易服务和综合信息服务。国务院发展改革部门会同相关部门制定交易系统管理办法与技术规范，并对碳排放权交易系统实施监管。

（十八）碳排放权交易结算系统。建立碳排放权交易结算系统，实现交易资金结算及管理，并提供与配额结算业务有关的信息查询和咨询等服务，确保交易结果真实可信。

七、试点过渡

（十九）推进区域碳交易试点向全国市场过渡。2011 年以来开展区域碳交易试点的地区将符合条件的重点排放单位逐步纳入全国碳市场，实行统一管理。区域碳交易试点地区继续发挥现有作用，在条件成熟后逐步向全国碳市场过渡。

八、保障措施

（二十）加强组织领导。国务院发展改革部门会同有关部门，根据工作需要将按程序适时调整完善本方案，重要情况及时向国务院报告。各部门应结合实际，按职责分工加强对碳市场的监管。

（二十一）强化责任落实。国务院发展改革部门会同相关部门负责全国碳市场建设。各省级及计划单列市人民政府负责本辖区内的碳市场建设工作。符合条件的省（市）受国务院发展改革部门委托建设运营全国碳市场相关支撑系统，建成后接入国家统一数据共享交换平台。

（二十二）推进能力建设。组织开展面向各类市场主体的能力建设培训，推进相关国际合作。鼓励相关行业协会和中央企业集团开展行业碳排放数据调查、统计分析等工作，为科学制定配额分配标准提供技术支撑。

（二十三）做好宣传引导。加强绿色循环低碳发展与碳市场相关政策法规的宣传报道，多渠道普及碳市场相关知识，宣传推广先进典型经验和成熟做法，提升企业和公众对碳减排重要性和碳市场的认知水平，为碳市场建设运行营造良好社会氛围。

附录三
企业温室气体排放核算和报告国家标准目录

1.《工业企业温室气体排放核算和报告通则》（GB/T 32150 –
2015）

2.《温室气体排放核算与报告要求 第1部分：发电企业》（GB/T
32151.1 – 2015）

3.《温室气体排放核算与报告要求 第2部分：电网企业》（GB/T
32151.2 – 2015）

4.《温室气体排放核算与报告要求 第3部分：镁冶炼企业》（GB/
T 32151.3 – 2015）

5.《温室气体排放核算与报告要求 第4部分：铝冶炼企业》（GB/
T 32151.4 – 2015）

6.《温室气体排放核算与报告要求 第5部分：钢铁生产企业》
（GB/T 32151.5 – 2015）

7.《温室气体排放核算与报告要求 第6部分：民用航空企业》
（GB/T 32151.6 – 2015）

8.《温室气体排放核算与报告要求 第7部分：平板玻璃生产企
业》（GB/T 32151.7 – 2015）

9.《温室气体排放核算与报告要求 第8部分：水泥生产企业》

（GB/T 32151. 8 – 2015）

10. 《温室气体排放核算与报告要求 第9部分：陶瓷生产企业》（GB/T 32151. 9 – 2015）

11. 《温室气体排放核算与报告要求 第10部分：化工生产企业》（GB/T 32151. 10 – 2015）

12. 《温室气体排放核算与报告要求 第11部分：煤炭生产企业》（GB/T 32151. 11 – 2018）

13. 《温室气体排放核算与报告要求 第12部分：纺织服装企业》（GB/T 32151. 12 – 2018）

附录四

企业温室气体排放核算和报告指南目录

1. 中国发电企业温室气体排放核算方法与报告指南（试行）

2. 中国电网企业温室气体排放核算方法与报告指南（试行）

3. 中国钢铁生产企业温室气体排放核算方法与报告指南（试行）

4. 中国化工生产企业温室气体排放核算方法与报告指南（试行）

5. 中国电解铝生产企业温室气体排放核算方法与报告指南（试行）

6. 中国镁冶炼企业温室气体排放核算方法与报告指南（试行）

7. 中国平板玻璃生产企业温室气体排放核算方法与报告指南（试行）

8. 中国水泥生产企业温室气体排放核算方法与报告指南（试行）

9. 中国陶瓷生产企业温室气体排放核算方法与报告指南（试行）

10. 中国民用航空企业温室气体排放核算方法与报告指南（试行）

11. 中国石油天然气生产企业温室气体排放核算方法与报告指南（试行）

12. 中国石油化工企业温室气体排放核算方法与报告指南（试行）

13. 中国独立焦化企业温室气体排放核算方法与报告指南（试行）

14. 中国煤炭生产企业温室气体排放核算方法与报告指南（试行）

15. 造纸和纸制品生产企业温室气体排放核算方法与报告指南（试行）

16. 其他有色金属冶炼和压延加工业企业温室气体排放核算方法与报告指南（试行）

17. 电子设备制造企业温室气体排放核算方法与报告指南（试行）

18. 机械设备制造企业温室气体排放核算方法与报告指南（试行）

19. 矿山企业温室气体排放核算方法与报告指南（试行）

20. 食品、烟草及酒、饮料和精制茶企业温室气体排放核算方法与报告指南（试行）

21. 公共建筑运营企业温室气体排放核算方法和报告指南（试行）

22. 陆上交通运输企业温室气体排放核算方法与报告指南（试行）

23. 氟化工企业温室气体排放核算方法与报告指南（试行）

24. 工业其他行业企业温室气体排放核算方法与报告指南（试行）